"十四五"全

国家统计局统计继续教材

U0500713

科技与创新统计实务

■ 国家统计局统计继续教育系列培训教材编委会 编

中国统计出版社
China Statistics Press

图书在版编目(CIP)数据

科技与创新统计实务 / 国家统计局继续教育系列培
训教材编委会编. —— 北京：中国统计出版社，2024. 8.
(国家统计局统计继续教育系列培训教材)("十四五
"全国统计规划教材). —— ISBN 978-7-5230-0497-5

Ⅰ. C8

中国国家版本馆 CIP 数据核字第 202476G0H5 号

科技与创新统计实务

作　　者/国家统计局统计继续教育系列培训教材编委会
责任编辑/罗　　浩
执行编辑/闫云帆
封面设计/黄　　晨
出版发行/中国统计出版社有限公司
通信地址/北京市丰台区西三环南路甲 6 号　邮政编码/100073
发行电话/邮购(010)63376909　书店(010)68783171
网　　址/http://www.zgtjcbs.com/
印　　刷/河北鑫兆源印刷有限公司
开　　本/710mm×1000mm　1/16
字　　数/133 千字
印　　张/10.75
版　　别/2024 年 8 月第 1 版
版　　次/2024 年 8 月第 1 次印刷
定　　价/39.00 元

国家统计局统计继续教育系列培训教材

编委会名单

一、主任委员

康　义

二、常务副主任委员

毛有丰

三、副主任委员

盛来运　蔺　涛　毛盛勇　阮健弘　夏雨春　刘爱华

四、委员（按姓氏笔画为序）

王有捐　王贵荣　王萍萍　叶礼奇　付凌晖　刘文华

刘玉琴　齐占林　汤魏巍　李锁强　张　毅　张　琳

陈悟朝　赵同录　胡汉舟　间海琪　徐荣华　彭永涛

董礼华　雷小武　翟善清

五、编辑部成员

主　任：邱　伟　孙志强

成　员：何继庆　罗　浩　李一辰　李　锐　韩　冲

　　　　姜　洋　刘　昕　胡天驰　王法警　刘晓丽

　　　　邓周鹏　乔　阳　赵　毅　熊丹书　荣文雅

　　　　宋怡璇　廖思源

本书编写组

主　　编：张　琳
执行主编：韩　静
编写人员：李　胤　张启龙　林　梅　罗秋实
　　　　　焦智康

出版说明

　　统计工作是经济社会发展的重要综合性基础性工作,强化统计基层基础建设,是推动统计现代化改革和高质量发展的一项重要工作,统计继续教育培训是提高基层统计工作人员的业务素质和能力的重要途径,适应统计改革发展新形势新要求,编写统一、规范的统计继续教育系列培训教材尤为必要。

　　为深入贯彻党的二十大关于"统筹职业教育、高等教育、继续教育协同创新,加强教材建设和管理"的精神,进一步落实《"十四五"时期统计现代化改革规划》关于"编写实用的统计干部培训教材,提高教育培训的针对性、实效性"工作部署,统计继续教育系列培训教材编委会组织编写了《国家统计局统计继续教育系列培训教材》。本系列教材列入"十四五"全国统计规划教材,按专业设置 20 个分册,涵盖统计在岗从业者应知应会内容,力求贴近统计工作实际,反映工作中遇到的问题并予以解答。在写法上力求创新,具有针对性、适应性、工具性,以案例分析为导向,内容力求简明扼要,通俗易懂,契合统计从业者提高工作能力、完善统计知识结构的现实需求。望此书能为广大统计工作者进一步提升统计工作能力和水平,助力统计现代化改革和高质量发展提供帮助。

本系列教材在编写过程中,得到了国家统计局各单位的大力支持,在此表示诚挚的谢意。

统计继续教育系列培训教材编委会
2024 年 1 月

前　言

　　党的十八大以来，以习近平同志为核心的党中央高度重视科技创新，把科技创新摆在国家发展全局的核心位置，全国上下坚定不移贯彻新发展理念，创新驱动发展战略深入实施，科技创新取得历史性成就。党的十八大提出实施创新驱动发展战略，党的十九大指出"创新是引领发展的第一动力，是建设现代化经济体系的战略支撑"，党的十九届五中全会提出"坚持创新在我国现代化建设全局中的核心地位，把科技自立自强作为国家发展的战略支撑"，党的二十大进一步强调"必须坚持科技是第一生产力、人才是第一资源、创新是第一动力"，"立足新发展阶段、贯彻新发展理念、构建新发展格局、推动高质量发展，必须深入实施科教兴国战略、人才强国战略、创新驱动发展战略，完善国家创新体系，加快建设科技强国，实现高水平科技自立自强"，并将教育、科技、人才合并作专章部署。科技创新在党和国家事业发展全局中的战略地位得到历史性提升，在中华民族伟大复兴历史征程中的支撑作用得到进一步彰显。习近平总书记高瞻远瞩、审时度势，从党和国家发展全局高度提出了一系列关于科技创新发展的重大论断和重要论述，深刻指出科技创新能够催生新产业、新模式、新动能，是发展新质生产力的核心要素，为我国新时代科技创新工作指明了发展方向，提供了根本遵循。

　　当今世界，新一轮科技革命和产业变革突飞猛进，科学研究范式正在发生深刻变革，科技创新的广度不断加大、深度不断加深、速度不断加快、精度不断加强，带动经济发展和人类文明进步不断迎来新的重大机遇和挑战。我国已成为科技大国并成功进入创新型国家行列，正处于从量的积累向质的飞跃、从点的突破向系统能力提升、以科技创新引领新质生产力发展的关键阶段，发展与挑战并存，机遇与风险同在。这些新形势新挑战，也给科技创新统计提出了新要求。一方面，知识更新更快、技术迭代更频繁、创新主体更加复杂多元，需要进一步提高统计的频度、扩展统计的广度；另一方面，优势资源聚焦核心技术和重点领域，依靠高水平科技创新提升产业链供应链安全可控能力愈发重要，需要进一步拓展统计的深度、提升统计的精度。面对这些新形势新要求，科技创新统计必须加快改革步伐，直面挑战，奋发有为，为服务"十四五"规划和各项重大战略实施提供扎实统计保障。

近年来，党中央多次针对科技创新统计提出明确要求。2012年，中共中央、国务院《关于深化科技体制改革加快国家创新体系建设的意见》提出"建立全国创新调查制度，加强国家创新体系建设监测评估"的任务；2013年，党的十八届三中全会通过《中共中央关于全面深化改革若干重大问题的决定》，要求"建立创新调查制度和创新报告制度"；2015年，中办国办《深化科技体制改革实施方案》要求"全面推进国家创新调查制度建设"。党中央对统计工作的明确要求，令科技创新统计工作者倍感振奋，也深感重任在肩。在部门落实层面，科技部于2013年制定了《建立国家创新调查制度工作方案》；科技部、国家统计局于2017年联合印发《国家创新调查制度实施办法》，明确规定创新活动统计调查工作由国家统计局牵头负责，创新能力监测和评价工作由科技部牵头负责；科技部、国家统计局于 2023 年共同召开国家创新调查制度实施 10 周年工作座谈会。国家创新调查制度的建立与实施,推动了科技创新统计工作进一步蓬勃发展。

经过多年发展,我国科技创新统计工作取得显著成效。近年来,科技创新统计持续推动统计改革,统计工作规范化、完整性、体系化建设取得积极进展,统计标准建设不断推进,统计调查缺口不断补齐,统计调查方法不断改进,统计数据质量不断提升,逐步形成 R&D 统计和创新统计各有侧重、互为补充、相互促进的统计方法制度体系,为服务国家重大发展战略实施提供了有力统计支撑。今后,科技创新统计将以习近平总书记重要讲话和重要指示批示精神为遵循,坚持问题导向和目标导向,努力发挥好统计工作在科技强国建设中的基础性支撑作用。一是要严把数据质量关,守好统计调查数据质量生命线,落实数据质量事前、事中和事后全流程监控;二是要积极探索创新,下好统计方法制度改革先手棋,用改革的方法解决前进中的问题;三是要加强分析研究,打好科技创新统计服务组合拳,进一步发挥科技创新统计监督职能作用。相信在全国科技创新统计工作者们的共同努力下,科技创新统计的明天一定会更加美好。

这本《科技与创新统计实务》小册子,是国家统计局统计继续教育系列培训教材的其中一册,全书从科技创新统计概述、科技与创新统计体系、科技与创新统计的基本概念、科技与创新统计的主要指标、科技与创新统计的调查方法与组织方式、科技与创新统计数据质量控制、科技与创新统计资料整理与发布、科技与创新统计常用专业知识等 8 个方面对科技创新统计工作进行了较为系统的介绍,书后附有练习题和部分相关文献。编撰内容具有较强的针对性和实效性,希望可以对广大科技创新统计工作者学习和掌握相关知识带来有益帮助。

参与本书编纂的人员均为国家统计局社科文司从事科技创新统计相关工作的专家。主编张琳负责全书总体内容审定;执行主编韩静负责主要架构与重要内容的修改与审定;写作组成员李胤负责第一章第二节、第二章、第三章、第八章、第九章第一节部分内容、第九章第二节的撰写;张启龙负责第一章第一节、第六章第一节的撰写;林梅负责第四章第三节与第四节、第五章第三节部分内容、第七章的撰写;罗秋实负责第四章第二节、第五章第二节、第五章第三节部分内容、第六章第三节的撰写;焦智康负责第四章第一节、第五章第一节、第五章第三节部分内容、第六章第二节、第九章第一节部分内容的撰写;张琳、韩静、李胤负责全书统稿。本书编写过程中得到了一些老同志的关心和帮助,万东华对本书编写工作提出总体要求,关晓静对本书的总体设计与章节架构提出具体指导意见,在此一并向他们表示感谢。

道阻且长,行则将至。让我们团结一心,开拓进取,勇往直前,不断将科技创新统计工作推向前进,为统计事业改革和发展谱写新的篇章,为强国建设、民族复兴伟业贡献应有的力量。

编 者

2024 年 2 月

目　　录

第一章　概述

本章重点在于深入学习贯彻习近平总书记关于科技创新的重要论述和党中央重大决策部署，深刻领会中国式现代化关键在科技现代化，准确把握新时代我国科技创新取得的历史性成就。在此基础上，对科技创新统计工作的基本背景、重大意义、重要作用、历史沿革等进行简要介绍，提升对科技创新统计工作重要性的认识。

第一节　科技创新统计工作简介

一、重要背景

科技是国家强盛之基，创新是民族进步之魂。党的二十大报告指出，"教育、科技、人才是全面建设社会主义现代化国家的基础性、战略性支撑。必须坚持科技是第一生产力、人才是第一资源、创新是第一动力，深入实施科教兴国战略、人才强国战略、创新驱动发展战略，开辟发展新领域新赛道，不断塑造发展新动能新优势"。在全面建设社会主义现代化国家的新征程上，科技创新是引领中国式现代化的重要动力，科技赋能是推动高质量发展的必由之路，高水平科技自立自强是加快落实新发展理念、构建新发展格局的本质要求。

科技创新统计数据得到各方高度关注。为充分发挥统计工作的综合性、基础性作用，更好服务加快实施创新驱动发展战略和实现高水平科技自立自强发展目标，准确监测和评价科技强国建设进程，我国建立并不断完善符合国情、接轨国际的科技创新统计体系。经过多年发展，已建立了科学的统计标准规范、完整的统计调查体系、系统的统计方法制度和权威的数据发布机制,形成了以研发统计和创新调查为中心,各有侧重、相互促进、条块结合、分级负责的统计框架,调查范围覆盖全国超过 100 万家企业、2400 余所高校和 7800 余家科研机构,成为世界上规模最大的科技创新统计体系。

二、科技创新的重要地位

(一)科技自立自强关乎国运

创新驱动是国家命运所系。国家力量的核心支撑是科技创新能力。创新强则国运昌,创新弱则国运殆。纵观人类发展史,科技创新始终是一个国家、一个民族发展的不竭动力和生产力提升的关键因素。实现中华民族伟大复兴的中国梦,必须真正用好科学技术这个关键变量和有力杠杆。

创新驱动是世界大势所趋。全球新一轮科技革命和产业变革加速演进,科学探索从各个尺度上向纵深拓展,以智能、绿色、泛在为特征的群体性技术革命将引发国际产业分工重大调整,颠覆性技术不断涌现,正在重塑世界竞争格局、改变国家力量对比,创新驱动成为许多国家谋求竞争优势的核心战略,科技创新水平成为影响利益相关各方战略博弈的关键变量。我国既面临赶超跨越的难得历史机遇,也面临各种严峻挑战。唯有勇立世界科技创新潮头,才能赢得发展主动权,为人类文明进步作出更大贡献。

创新驱动是发展形势所迫。我国经济发展已经由高速增长阶段转向高质量发展阶段,从量的扩张转向质的提升。传统发展动力不断减弱,粗放型增长方式难以为继,必须依靠创新驱动打造发展新引擎和新质生产力,培育新的经济增长点,持续提升我国经济发展的质量和效益,开辟我国发展的新空间,实现经济保持中高速增长和产业迈向中高端水平"双目标"。只有实现高水平科技自立自强,才能为构建新发展格局、推动高质量发展提供关键着力点、主要支撑体系和新的成长空间,才能牢牢依靠科技创新的最新成果驱动实现"内涵型"增长,将践行新发展理念的高质量发展目标扎实落地。

（二）党和国家高度重视科技创新工作

党和国家历来高度重视科技创新工作。党的十八大以来,以习近平同志为核心的党中央高瞻远瞩、审时度势,坚持把科技创新摆在国家发展全局的核心位置,对科技创新作出了全局谋划和系统部署,全面实施创新驱动发展战略。党的十九届五中全会提出,把科技自立自强作为国家发展的战略支撑,强调高水平科技自立自强,是立足新发展阶段、贯彻新发展理念、构建新发展格局的应有之义,对赢得新一轮科技革命和发展的主动权、实现第二个百年奋斗目标具有重要意义。党的二十大报告将教育、科技、人才列为专章进行统筹部署,强调科教兴国战略、人才强国战略、创新驱动发展战略都是党中央提出的需要长期坚持的国家重大战略。

习近平总书记就科技创新作出一系列重要论述,强调"教育、科技、人才是全面建设社会主义现代化国家的基础性、战略性支撑""中国式现代化关键在科技现代化""坚持面向世界科技前沿、面向经济主战场、面向国家重大需求、面向人民生命健康""加快实现高水平科技自立自强",为我国新时代科技创新工作指明了发展方向,提供了根本遵循。

国家不断加强科技创新发展顶层设计。从国家层面强化全局谋划和整体推进,编制完成"十四五"国家科技创新规划及各专项规划;瞄准跻身创新型国家前列目标,编制完成国家中长期科技发展规划,印发实施《知识产权强国建设纲要（2021—2035 年）》;着眼第二个百年奋斗目标,启动编制科技强国行动纲要;着力提升原始创新能力,制定实施《基础研究十年规划》,近中远相结合的科技战略规划布局基本形成。

（三）我国科技实力迈上新的大台阶

新时代 10 年,以习近平同志为核心的党中央坚持创新在我国现代化建设全局中的核心地位,把科技自立自强作为国家发展的战略支撑,我国科技事业聚焦"四个面向"、密集发力、加速跨越,实现了历史性、整体性、格局性重大变化,取得历史性成就。创新驱动发展战略深入实施,国家战略科技力量加快壮大,重大科技成果加速涌现,科技体制改革纵深推进,国家科技实力跃上大台阶。

我国综合科技创新实力大幅跃升。一是全社会研发投入持续增长。2012 年至 2022 年,全社会研发投入总量从 1 万亿元增加到 3.08 万亿元①,居世界第二位。研发投入强度从 1.91% 提升到 2.56%。二是基础研究支持力度不断加大。国家基础研究十年规划深入实施,中国科学院制定实施"基础研究十条",国家自然科学基金改革全面深化。2012 年至 2022 年,全社会基础研究投入总量从 499 亿元增长到 2023.5 亿元,占全社会研发投入比重从 4.8% 提升到 6.57%,自 2019 年以来连续保持在 6% 以上,支持打造承载国家使命的基础研究力量。三是科技创新能力日益增强。2022 年,全国研发人员总量超过 600 万人年,发明专利有效量突破 400 万件,均居世界首位。我国公民具备科学素质比例达到 12.93%,科学普及与科技创新同等重要的理念日渐深入人心。四是全球创新指数排名稳步提升。世界知识产权组织报告显示,我国全球创新指数排名从 2012 年第 34 位上升到 2022 年第 11 位,连续 10 年稳步提升,我国综合科技实力跃上新的台阶,成功进入创新型国家行列。

科技创新助力经济社会高质量发展成效显著。一是战略性新兴产业蓬勃发展。科技创新与经济社会发展深度融合,5G 率先实现规模化应用,人工智能应用场景不断拓展,工业互联网提质增效作用不断彰显,新能源汽车产销量连续 8 年居世界首位。C919 大飞机实现商业运营,中国空间站全面建成。核电重大专项先进压水堆核电技术实现"二代"向"三代"跨越发展,高温气冷堆技术抢占"四代"核电技术战略制高点。国产首艘航母、航母舰载机等大国重器相继问世,国产首艘大型邮轮完成首次试航,国产最大直径盾构机顺利始发,"中国天眼"成为世界

---

① 除特别说明外,本文科技创新统计数据均来源于国家统计局《中国科技统计年鉴》《中国统计年鉴》等资料。

级创新名片。二是企业科技创新主体地位不断增强。企业是科技与经济紧密结合的主要力量。2012 年至 2022 年,高新技术企业从 4.9 万家增长到 40 万家,全国技术合同成交额从 0.64 万亿元增长到 4.8 万亿元。企业研发投入占全社会研发投入比重达到 77.6%,国家重点研发计划中企业参加或牵头的接近 80%,在油气开发、集成电路装备重大专项中企业牵头任务比例达到 85% 以上。优质中小企业梯度培育体系逐步构建。企业成为科技创新的主要参与者和实施者。三是科技创新有力保障人民高品质生活水平。支撑美丽中国建设,打好污染防治攻坚战,在全球率先实现"沙退人进",科技支撑碳达峰碳中和行动取得新进展。"科技冬奥"200 多项技术成果转化应用,取得显著经济社会效益。土地、基本粮食作物、种业等农业关键核心技术持续突破,有力保障国家粮食安全。深入实施科技特派员制度,90 余万名科技特派员深入农村基层一线,助力乡村振兴发展。支撑健康中国建设,围绕新冠病毒溯源、疾病救治、疫苗和药物研发等重点领域方向持续开展应急科研攻关,打了一场成功的科技抗疫战。重离子加速器、磁共振、彩超、CT 等一批国产高端医疗装备和器械投入使用。

科技创新引领带动区域高质量发展。依托北京、上海、粤港澳大湾区具有全球影响力的科技创新中心建设,打造对外开放程度最高、创新活力最强、科技和人才成果最丰富的示范区,辐射带动京津冀、长三角、泛珠三角等区域创新能力进一步提升。香港—深圳—广州、北京、上海—苏州分列全球科技集群第 2、3、6 位[①]。全面创新改革试验区、创新型省份和城市建设形成一批可复制可推广的经验,长江经济带与黄河流域沿线科技创新能力稳步增强,区域协同创新发展深入推进,东中西部跨区域创新合作迈出新步伐。科技援疆、援藏、援青、支宁、入滇、兴蒙、入黔等有力支撑西部地区创新,科技赋能东北振兴有力实施,东北地区与东南沿海创新型城市合作不断深化。

[①]　数据来源自世界知识产权组织发布的《2023 年全球创新指数报告》。

三、科技创新统计的重要作用

《中华人民共和国统计法》第二条规定:"统计的基本任务是对经济社会发展情况进行统计调查、统计分析,提供统计资料和统计咨询意见,实行统计监督"。统计在我国经济建设中发挥着重要作用,具有统计信息、统计咨询和统计监督三大职能。统计的信息职能是指系统地搜集、整理和提供大量的以数量描述为基本特征的信息;统计的咨询职能是指根据掌握的丰富的统计信息资源,经过统计分析,为科学决策和管理提供咨询意见和对策建议;统计的监督职能是指根据统计调查和分析,从总体上对国民经济和社会运行状况进行全面、系统的定量检查、监测和预警,及时揭示经济运行中的问题,促进社会经济按照客观规律的要求发展。

就科技创新而言,要准确衡量和评价我国科技创新发展情况,反映科技自立自强建设进程,离不开科学规范的统计工作。2021年底最新修订的《中华人民共和国科学技术进步法》第十章"监督管理"第一百零五条明确提出"国家建立健全科学技术统计调查制度和国家创新调查制度,掌握国家科学技术活动基本情况,监测和评价国家创新能力。"这是对科技创新统计重要作用和规范开展科技创新统计工作的法律规定。具体来看,政府统计部门通过设定科学合理的科技创新统计指标和标准,建立规范可行的科技创新统计体系,组织实施覆盖完整的科技创新统计调查,开展全面深入的统计监测分析和发布相关统计数据,可以有效发挥科技创新领域统计信息、统计咨询和统计监督三大职能作用,为我国科技创新发展提供统计支撑。

反映科技创新投入产出的规模和水平。开展研究与试验发展活动(R&D)活动和创新活动是科技创新最重要的活动形式,从基础研究的开展到最终创新价值的实现都需要大量的资金、人力等资源投入。全社会R&D经费和R&D经费投入强度(即全社会R&D经费与GDP之比)等统计指标分别从总量和比值角度反映了R&D经费投入的规模、水平和强弱程度,是国际上通用的评价和比较一个国家或地区科技实力的核心指标之一。R&D 经费中基础研究经费占比指标,可以体现一个国家或地区在前瞻性科学研究和原始创新方面所做的努力。R&D经费与 R&D 人员、创新费用、财政科技支出等指标共同构成了科技创新投入统计指标体系,集中反映国家或地区科技创新投入的规模和水平。专利、论文、新产品等是科技创新活动的产出形式,其数量指标可以一定程度反映科技创新产出的水平。通过综合上述系列统计指标可以构建创新指数,用统计指数形式综合监测和评价中国创新发展进程。

反映国家科技资源分布情况。通过开展分行业分地区等颗粒度更细的分组统计,可以清晰反映科技资源的布局及配置情况,同时也可以反映在科技创新投入方面的薄弱环节和不足之处。如 R&D 经费中政府资金、企业资金所占比重,可以分别反映政府和企业等社会力量在加大科技创新投入方面所做的努力;R&D 经费分行业数据,可以反映各行业领域科技创新资源配置情况;地区 R&D 经费及其投入强度,可以反映我国 R&D 资源在区域间的分布和发展状况。

支撑科技创新管理和宏观决策。科技创新统计数据是国家制定重大科技政策、编制科技规划和计划、评价政策实施效果的重要参考依据,也是各地区各部门贯彻落实新发展理念、考核政府绩效的重要指标。R&D 经费增速及投入强度、基础研究经费占比等指标已被纳入国家"十四五"发展规划等重要战略规划,为我国科技发展确定了量化目标。R&D 作为科技创新的关键环节,已成为反映我国高质量发展进程和科技自立自强的重要内容,R&D 经费等指标受到各方的高度关注。

服务科技创新微观主体和产学研单位需求。科技创新统计最终产品及指标数据可以满足各类微观主体的工作、科研等方面需求。各类企业、高校和科研机构等创新主体可以依据统计数据对自身发展情况进行比较、分析和评价,查找自身与先进水平的差距和不足,研究人员和专家学者可以对统计数据进行深入挖掘,形成有价值的研究成果。

衡量国际竞争力和开展国际比较。科学技术作为第一生产力,是国际竞争力的关键因素之一。R&D 经费指标是科技领域最能够体现自主创新实力的指标,特别是高水平的 R&D 投入强度被认为是提高科技创新能力的重要保障。我国 R&D 经费统计遵循国际标准,为指标数据的国际比较奠定了基础。此外,R&D 经费还对经济运行和企业效率等国际竞争力的其他方面产生积极和深远的影响。

第二节 科技创新统计的历史沿革

一、国际科技创新统计发展的简要历程

进入 20 世纪,人们开始普遍认识到科学技术与创新在经济发展和社会进步过程中的重要推动作用。经济学家熊彼特于 1912 年出版的《经济发展理论》首次提出了创新的概念,把创新定义为"企业家把一种从来没有过的生产要素和生产条件实行新的组合,从而建立一种新的生产函数"。从 20 世纪 50 年代起,为了系统调查收集科技创新数据,为科学制定和评估国家政策特别是科技政策提供依据,一些发达国家率先开始进行科技创新统计有关实践,并通过相关国际组织的工作将相关理论与实践经验形成国际标准和规范固定下来。其中最为重要的国际组织是经济合作与发展组织(简称经合组织,即 OECD)和联合国教科文组织(UNESCO)。

OECD 是最早系统收集科技创新统计数据的国际组织之一,在世界科技指标和科技统计领域中处于领先地位,在理论研究和实践方面积累了丰富经验。1963 年,OECD 在意大利弗拉斯卡蒂小城召开专家会议,通过了《弗拉斯卡蒂手册》的首版。在之后的 60 年间,该手册成为研究与试验发展(R&D)统计调查领域公认的国际标准规范。经过多次修订,迄今为止该手册的最新版本为 2015 年发布的第 7 版。此外,1991 年,OECD 还组织专家在挪威奥斯陆开会研究并达成共识,通过了《奥斯陆手册》的首版,并于 1992 年首次发布。该手册是创新调查领域应用最广泛的国际标准规范,至今也已修订 4 版,最新版本为 2018 年发

布。除此之外,OECD 还相继推出了《技术国际收支手册》《专利手册》和《堪培拉手册(科技人力资源手册)》,与上述 2 本手册偏重统计调查不同,这 3 本手册侧重从其他现有资源获取数据。OECD 出版的这 5 本手册合称"弗拉斯卡蒂丛书",涵盖了科技创新统计的不同领域,对科技创新统计的国际标准化规范化作出了重要贡献,也是本领域国际影响力最大、使用最广泛的著名文献。

联合国教科文组织也是对科技创新统计较有影响的国际组织。以《弗拉斯卡蒂手册》为基础,联合国教科文组织于 1978、1979 年分别发布了《关于科学技术统计国际标准化的建议》和《科技活动统计手册》,在统计上将科技活动分为研究与试验发展(R&D)、科技教育与培训、科技服务三类,对全球、特别是我国的科技统计产生了深远影响。

以国际标准规范为基础和指南,各个国家建立了以研发统计和创新调查为两大分支的科技创新统计体系,广泛开展官方统计调查实践,并开展国际比较,为各国科技政策、科技规划的制定发挥了重要作用。

二、我国科技创新统计的建立与发展

我国科技创新统计的历史相对不长,在政府统计各专业中是一个既年轻又成熟的领域。由于从建立之初就十分重视参考借鉴国际标准与国际通行做法,我国科技创新统计从诞生起就与国际规范接轨,紧跟本领域国际最新进展,同时在不断的改革发展当中,又立足本国国情,做到兼顾国际标准与本国特色。

我国科技创新统计起步于 20 世纪 80 年代中期。经过 30 多年发展,科技创新统计经历了探索、建立、发展、改革、创新等多个阶段,从以反映科技活动为主向反映 R&D 活动为主转移,再到形成以 R&D 统计和创新调查为龙头,多个领域各有侧重、互为补充、相互促进的统计体系,取得了长足进展[①]。

[①]　本节内容参考了中国统计出版社 2017 年出版的《我国 20 个统计指标的历史变迁》一书,有改动。

（一）探索阶段（1985—1990 年）

改革开放后，我国科技事业较快发展，对科技统计的需求愈发强烈。1985 年，原国家科委牵头会同有关部门实施了我国第一次科技普查。之后，科技、教育部门根据本部门管理需要分别建立了科研院所和高校科技统计制度，统计部门建立了大中型工业企业技术开发年报。1990 年，国家统计局以联合国教科文组织科技统计标准为依据，研制了"科技统计指标体系方案"，形成科技活动统计的雏形。这一阶段各部门的科技统计尚不够规范统一，也未能形成全社会口径的科技综合统计。

（二）建立阶段（1991—1999 年）

1991 年，首次全国科技统计工作会议召开，国务委员兼国家科委主任宋健出席会议并讲话，要求尽快建立科学的科技统计方法。1992 年，国家统计局协调相关部门建立了科技综合统计报表制度，调查范围覆盖科研院所、高校和大中型工业企业；同年遵循 OECD《弗拉斯卡蒂手册》首次测算和发布了 R&D 指标数据，标志着规范化的全社会口径科技统计调查体系初步建立，R&D 统计也进入实践阶段。

为解决常规科技统计年报调查范围不够全面的问题，国家统计局在上世纪 90 年代中期建立了 5 年为一个周期的科技统计滚动调查制度，对小型工业企业及建筑业、运输邮电业、农业和地质水利业、医疗卫生业、软件业进行滚动调查。

这一时期，我国创新调查紧跟国际发展前沿，探索开展相关工作。1993 年，国家统计局组织翻译了 1992 年发布的《奥斯陆手册》第 1 版，出版了中文版《技术创新统计手册》。90 年代中期，国家统计局组织开展了两次工业企业技术创新试点调查。

（三）发展阶段（2000—2008 年）

2000 年，国家统计局制定并发布了《科技投入统计规程（试行）》，对科技投入统计口径和计算办法作出了规定，成为制定科技综合统计报表制度和各部门科技统计调查制度的纲领性指引性文件，科技统计规范性得到明显增强。同年,经国务院批准,国家统计局和科技部等7个部门联合开展了第一次全国R&D资源清查。此次清查将工业企业的调查范围从大中型扩大为规模以上,并对重点行业的非工业企业和事业单位进行了调查。清查摸清了我国R&D资源情况,为衡量我国科技和R&D投入现状,制定有关科技规划和政策提供了重要数据支撑。

2002年,国家统计局制定并发布了《高技术产业统计分类目录》,为开展我国高技术产业统计及国际比较奠定了基础。

2004年和2008年,工业企业科技活动情况报表分别纳入第一次和第二次全国经济普查,调查范围再次扩大到规模以上。

2004年,国家统计局建立了重点企业科技活动情况年快报统计制度,对发展改革委认定的国家级企业技术中心所在企业进行调查,一定程度弥补了科技统计缺乏进度数据的不足。

2006年,国家统计局组织开展了第一次全国企业创新调查,对规模以上工业企业技术创新情况进行调查。这是在《奥斯陆手册》框架下我国开展的第一次全国范围的创新调查,为创新调查的进一步开展奠定了基础。

此外,在这一阶段,企业科技统计过录表的使用逐渐成熟,R&D数据的统一核算体系基本成型,科技统计调查的数据处理也实现了全过程计算机程序化。

(四)改革阶段(2009—2017年)

1. 科技统计

2009年,经国务院批准,国家统计局和科技部等6个部门联合开展了第二次全国R&D资源清查。此次清查对科技统计指标体系进行了较大修订,开始淡化"科技活动"概念、更加强调"研究与试验发展"概念,突出自主创新;在填报层面,R&D经费支出不再由企业直接填报,而改为从相应报表指标取数后进行核算。从这年开始,科技统计公开出版物中不再发布"科技活动经费支出""科技活动经费筹集"等指标,"R&D经费支出"指标的核心地位愈发稳固。

2011年,规模以上工业企业科技活动情况年报正式纳入我国企业一套表统计改革,企业数据报送方式由电子文档逐级上报改为联网直报,实现了统计生产方式的重大变革。

2013年,在第三次全国经济普查中,科技专业统计调查范围扩展到部分重点服务业。

2015年,改革规模以上工业企业科技统计制度方法,将科技活动修改为研发活动,实现了由科技统计向R&D统计的进一步转变。

2016年,规模以上企业科技统计年报的调查范围从规模以上工业扩大到特一级建筑业和规模以上重点服务业。调查范围的扩大为R&D计入GDP核算改革提供更加准确的基础数据。

2017年,为贯彻落实中共中央有关文件精神,科技部、国家统计局印发《国家创新调查制度实施办法》,对进一步落实科技创新统计工作提出了要求。

2017年,国家统计局修订发布了新一版高技术产业(制造业)分类。

2. 创新统计

2013年,国家统计局社科文司课题组首次发布了中国创新指数(China Innovation Index,简称CII)。这一指数综合反映我国科技创新总体水平和发展状况,之后按年度发布,成为我国创新发展监测评价体系中的重要产品之一。

2014年,国家统计局组织开展了第二次全国企业创新调查,调查范围由规模以上工业扩展到规模(限额)以上服务业、资质等级以上建筑业,调查核心内容由技术创新(产品和工艺创新)扩展到组织创新、营销创新,调查单位扩大到40多万家。

2016年,国家统计局正式建立企业创新活动统计报表制度,频率为年报;同年组织开展了首次规模以下企业创新调查。

2017年,规模以下企业创新调查纳入企业创新活动统计年报制度。

这一阶段,科技创新统计实现了从科技活动统计过渡到R&D统计的根本性转变,形成了R&D统计和创新调查齐头并进、各有侧重、互为补充、相互促进的统计制度体系框架,进行了统计生产方式信息化的重大变革,也建立了较为有效的数据质量评审体系和资料服务体系,为不断适应新形势发展变化、服务国家有关发展战略奠定了基础。

（五）创新阶段（2018年至今）

2018年,科技专业参与第四次全国经济普查,在普查中正式应用新一轮企业研发统计制度改革成果。此次改革进一步完善基础资料取数方式,将基层报表填报依据由项目归集法改为财务支出法,基本实现了统计报表设计与企业会计实践的结合,降低填报难度,提高数据质量,增强审查依据。

2019年,国家统计局发布《研究与试验发展（R&D）投入统计规范（试行）》（以下简称《规范》）。这是在2000年《科技投入统计规程》与第7版《弗拉斯卡蒂手册》基础上对科技统计标准规范做出的重大修订与重新诠释,是我国科技统计领域最重要的文件。《规范》的发布实施,对进一步规范R&D投入统计工作、提高科技统计工作效率和数据质量、实现与国际统计标准接轨等起到十分重要的作用。

2019年,国家统计局进一步扩大企业研发统计调查范围,将规模以下工业企业以抽样调查形式纳入调查,重点服务业由大中型企业扩展到全部规模以上企业,接下来又扩展到规模以下服务业企业抽样调查。2020年、2021年,企业研发统计年报先后将地方三甲医院、科研育种企业纳入调查范围,进一步查缺补漏,基本补齐了R&D统计范围缺口。

2021年,国家统计局开展了企业基础研究统计方法改革,优化指标设计,企业基础研究统计方法更加科学、结果更加准确,取得了预期成效。

2023年,在第五次全国经济普查中,首次将规模以下企业研发活动纳入经济普查,为全面摸清规模以下小微企业研发活动情况、完善规模以下企业研发统计制度方法打下基础。

2023年,国家统计局对中国创新指数编制方法进行了较大程度的完善,发布了基于新的指标体系与基期测算的中国创新指数。

企业创新调查自 2018 年以来进行了多轮渐进式改革,如规模以下企业调查局队业务分工调整、企业家问卷由全数调查改为抽样调查、精简问卷内容、改进创新相关政策问题设计、针对国际规范变化进行制度修订等。

目前,国家统计局正在以提供更加及时有效的统计数据与统计监测服务为目标,加快推进科技创新统计改革,相信在不远的将来会有更多新的改革成果与社会公众见面。

此外,在这期间,各级统计机构对统计数据质量更加重视,科技创新统计构建了全流程数据质量审核体系,开展常态化数据质量核查,形成了较为完善的数据质量管控机制,有效保障了统计数据质量。

第二章　科技与创新统计体系

科技创新统计发展多年,已形成较为成熟的体系框架。本章的主要内容包括对科技创新统计主要领域和工作框架进行概述,并对科技创新统计核心内容—R&D统计的基本架构进行介绍。

第一节　科技创新统计主要领域

从统计领域角度,我国与国际上科技创新统计专业的做法基本相同,主要包含以下领域和方向:R&D统计、创新统计、高技术产业统计、专利统计、科技人力资源统计,以及对ICT(信息通信技术)、生物产业、人工智能等具体行业领域的统计。其中,R&D统计与创新统计是最为重要的两大领域(见图2.1)。

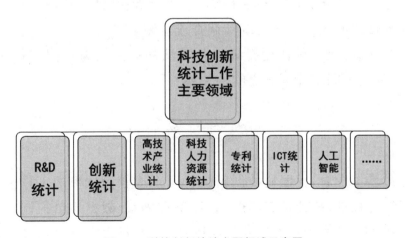

图2.1　科技创新统计主要领域示意图

R&D统计:即研究与试验发展统计,为科技创新统计体系中最核心的内容,以《弗拉斯卡蒂手册》为国际规范。

创新统计:以创新调查为主要统计方式,以《奥斯陆手册》为国际规范。

高技术产业统计:以高技术产业统计分类目录为统计标准对相关指标数据进行整理加工的行业统计。高技术产业统计分类目录参照OECD高技术产业分类目录国际标准编制。国际上的高技术产业统计仅包括高技术制造业;我国的高技术产业统计除高技术制造业外,还包括高技术服务业。

专利统计:对专利申请、专利授权、有效专利等的统计。专利是最重要的知识产权之一,是科技创新的重要中间成果。我国专利行政主管部门将专利分为发明、实用新型和外观设计。在统计实践中,除专利行政主管部门的行政记录与相关调查之外,统计部门也对企业专利情况进行统计调查。国际上有《专利手册》对相关统计工作进行规范。

科技人力资源统计:对具备相应资格或从事相应职业的科技人力资源的统计。国际上有《堪培拉手册》对相关统计工作进行规范。

具体行业领域科技统计:针对ICT(信息通信技术)、生物产业、人工智能等全球普遍关注的热点行业,在研究行业特点、形成相应统计标准或经验做法的基础上开展统计调查或监测工作。

需要注意,此处科技创新统计各领域的关系仅为不同工作领域的关系,不反映不同统计概念之间的关系。

第二节　科技创新统计工作框架

经过多年发展,我国科技创新统计已形成较为成熟的工作框架,主要包括统计标准、统计报表制度、统计调查体系、数据质量控制体系、数据发布机制、监测评价及资料服务体系,为不断适应形势发展变化、服务国家科技创新发展战略提供重要统计支撑(见图2.2)。

　　建立了较为科学的统计标准。我国科技创新统计参照国际标准建立,始终坚持与国际规范接轨,确保数据国际可比。在 R&D 统计方面,国家统计局于 2000 年制定并发布了《科技投入统计规程(试行)》,并于 2019 年制定并实施了《研究与试验发展(R&D)投入统计规范(试行)》(简称《规范》)。《规范》对 R&D 统计的定义、口径、标准和方法等进行了规定,是我国科技统计领域最重要的文件。以《规范》为依据,国家统计局对项目表相关分类等报表制度内容进行修订,指导各部门开展 R&D 统计调查制度修订。在高技术产业统计方面,国家统计局于 2002 年制定并发布了《高技术产业统计分类目录》,并随国民经济行业分类修订而对此派生产业进行修订,于 2017 年发布了新一版高技术产业(制造业)分类,于 2018 年制订并发布了高技术产业(服务业)分类,为开展我国高技术产业统计及实现国际比较创造了条件。

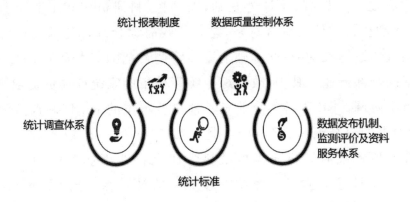

图 2.2　科技创新统计工作框架示意图

　　建立了较为系统的统计报表制度。一是综合统计与基层调查相结合。通过《科技创新综合统计报表制度》《部门数据共享制度》收集整理全社会口径数据,通过《企业(单位)研发活动统计报表制度》《企业创新活动统计报表制度》采集企业数据,通过有关部门相关统计调查制度以及主管部门行政记录分别采集高校、科研机构 R&D 数据和综合技术服务数据等。二是全面调查与抽样调查相结合。在 R&D 统计中,对规模以上企业、高等学校及附属医院,政府属科研机构等单位实施全面调查,对规模以下企业实施抽样调查;在创新统计中,对规模以上企业创新活动及相关情况实施全面调查,对规模以上企业"企业家问卷"及规模以下企业实施抽样调查。三是常规调查与大型普查相结合。在R&D统计中,对规模以上工业、特一级建筑业、规模以上重点服务业、重点行业规模以下抽样企业,高等学校及附属医院,政府属科研机构,地方三甲医院及科研育种企业等单位开展常规年度调查,通过全国经济普查等大型国情国力调查对常规调查范围以外的部分单位(如规模以下企业)进行补充调查。四是R&D统计与创新统计互为补充。通过各自的统计制度开展统计调查,各有侧重又相互补充、相互促进,拓展科技创新统计领域,丰富科技创新统计内容。

建立了较为完整的统计调查体系。以R&D统计为例,我国R&D统计形成之初,以部门统计为基础,以高校、科研机构和工业企业三大R&D活动执行主体为调查对象,建立了政府综合统计与部门统计相结合的调查体系框架,并在此基础上逐步将调查范围扩大至R&D活动相对密集的全部行业。其中,政府综合统计是指国家统计局负责R&D统计的组织协调,并负责各类企业及其他事业单位的R&D调查及全社会R&D数据的综合汇总;部门统计是指教育部负责高校的R&D调查,科技部等负责政府属科研机构及科学研究行业事业单位的调查。同时,R&D统计还建立了国家统一核算的方法体系,全国及分省(自治区、直辖市)R&D数据由国家统一核算,各省(自治区、直辖市)R&D数据均使用国家认定和反馈的统计结果。

建立了较为有效的数据质量控制体系。科技创新统计已做到事前、事中和事后全方位数据质量控制。一是通过制定实施研发经费和企业创新调查主要统计指标的数据审核管理办法来加强数据质量管控的规范化制度化。二是编制年度全国科技创新统计年报说明及实施要点,形成进度通报、问题解答、查询模板和查询清单等数据审核经验流程。三是建立了年报调查数据联审制度,设计联审方案与工作安排,开展数据交叉联审和集中审验。四是制定实施企业研发和创新调查数据质量核查办法,定期开展常态化数据质量专项核查工作。五是加强统计执法联动,参加统计调查与执法检查协调配合联动机制,及时移交在数据审核中发现的问题线索。六是推动企业电子台账建设,通过优化数据采集环节促进数据质量提升。七是利用行政记录等大数据资源辅助审查。八是定期开展科技创新统计主要数据综合评审会,组织相关部门专家对调查结果进行科学评审。

建立了较为规范的数据发布机制和较为有力的监测评价及资料服务体系。一是形成了服务党中央科学决策、服务相关部门政策制定与服务社会公众需求相结合,数据提供与分析研究相结合,统计调查结果与选题调研报告相结合的数据资料服务体系。二是建立了国家统计局牵头的全社会 R&D 统计资料发布机制,国家统计局、科技部、财政部通过《科技经费投入统计公报》共同发布 R&D 统计年报最终数据,国家统计局通过年初的新闻发布会及《国民经济和社会发展统计公报》等形式发布 R&D 统计快报初步数据,并进行数据解读。三是形成了按年度定期编制与发布中国创新指数的机制,并在指数发布的同时做好解读。四是按年度编辑出版《中国科技统计年鉴》《中国高技术产业统计年鉴》《企业研发活动统计资料》《全国企业创新调查年鉴》,向社会各界提供较为全面系统的科技创新统计数据,同时通过国家统计数据库(ht-tps://data.stats.gov.cn/)、《中国统计年鉴》《中国统计摘要》等综合数据发布渠道提供主要科技创新统计数据。五是运用移动端发布、微信推送、可视化产品等新媒体手段,向公众宣传解读科技创新统计数据。

第三节　R&D 统计的基本架构

作为科技创新统计核心内容,R&D 统计的基本架构在整个科技创新体系中十分具有代表性。R&D 统计的基本架构可从两个角度去理解。从制度体系看,R&D 统计由统计标准、综合制度与调查制度三层

19

架构组成;从调查体系看,R&D统计具有分级负责、条块结合的显著特点。

一、统计标准、综合制度与调查制度三层架构

R&D统计是一项较为复杂的系统性工程,为将分散在不同领域、不同对象、以不同形式发生的R&D活动按照统一标准、统一方法测度出来,需要建立一套在顶层设计上标准一致,在具体方法上具备可操作性,既国际可比又符合本国国情,坚持原则又兼容并包,质量和效率兼顾的统计制度管理体系。我国R&D统计在实践中探索形成了一套"统""分"结合的制度体系,包括统计标准、综合制度与调查制度三个层面(见图2.3)。

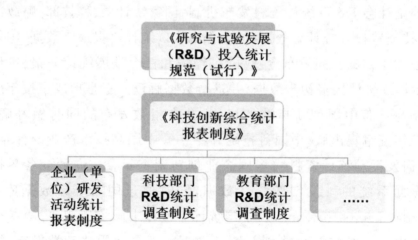

图 2.3   R&D 统计的三层架构示意图

第一层是统计标准。我国R&D统计标准主要是由国家统计局发布的《研究与试验发展(R&D)投入统计规范(试行)》。这一标准参照了R&D统计国际标准《弗拉斯卡蒂手册》,在满足国际可比的同时,符合我国统计工作和行业管理实际,自2019年发布实施以来,起到了对R&D统计统一规范的作用。需要明确的是,由于该《规范》是一部纲领性文件,旨在对R&D统计需要遵循的最基本的概念、指标、分类,以及

实施中的原则、职责、基本流程和基本方法等作出规定,相当于法律体系中的"上位法"[①],它并不涉及具体调查方案,不对调查方法做过于具体的规定,不指导具体填报。也可以说,《规范》所规范的对象主要是统计工作者,而不是调查对象。

第二层是综合制度。我国 R&D 统计的综合制度主要指《科技创新综合统计报表制度》。《科技创新综合统计报表制度》(及其前身《科技综合统计报表制度》)由国家统计局制定,是国家统计制度的一部分,规定了各相关部门科技创新方面统计报表内容、范围、口径、报送方式及时间等,除 R&D 相关统计外,还包含综合技术服务等其他内容;该制度主要内容也收入国家统计局《部门数据共享制度》。这里的第二层主要指该制度中关于 R&D 统计的内容,其作用主要是从综合汇总的具体操作层面对各部门统计工作进行规范统一。

第三层是调查制度。我国 R&D 统计的调查制度主要由国家统计局、科技部、教育部等几大 R&D 数据生产部门各自制定,用来面向不同类型的统计调查对象,指导具体数据填报。例如,国家统计局制定《企业(单位)研发活动统计报表制度》,用于对规模以上企业、规模以下企业、科研育种企业及地方三甲医院等单位 R&D 活动及相关情况开展年度调查。其他相关部门也建立了各自的 R&D 统计调查制度体系,经国家统计局审批备案后成为政府 R&D 统计的组成部分。各部门通过调查制度生产出的 R&D 统计数据再通过第二层的综合制度汇总至国家统计局。具体情况后文将另作详细说明。

二、分级负责、条块结合的调查体系

我国 R&D 统计实施政府综合统计与部门统计相结合的调查体系,除代表政府综合统计的国家统计局负责组织开展企业调查并综合汇总全社会 R&D 数据外,科技、教育等部门分别承担科研院所、高等学校等

---

① 参考《写在〈研究与试验发展(R&D)投入统计规范〉发布之际》,高敏雪,中国人民大学统计学院。

单位的统计调查任务。这是因为,R&D活动在不同主体中开展的形式和特点有较大不同:在专门的科研院所,R&D是其主要活动;在高等学校,R&D活动是与教育等活动伴生的;在日益成为R&D活动主力军的企业,R&D活动则更为多样,在不同行业呈现不同特点,例如一些大企业成立了专门的研发团队,也出现了一些以R&D作为主要活动的科技型企业,等等。因此,R&D统计调查需要与不同领域的特点结合起来,与主管部门的管理需要结合起来,通过分别的统计调查制度组织实施。企业、高校、科研院所作为三大R&D活动执行主体,也是符合国际规范、与国际R&D统计经验与实践相一致的。与此同时,各相关部门组织调查时,在系统内部都存在从上到下部署和检查、从下到上报送数据的体系。因此,R&D统计调查体系可用分工协作、条块结合、分级负责来概括。

进一步解释,全社会R&D统计数据的报送大致分为纵、横两个方向:纵向报送为调查单位基层数据在各部门系统内的报送,例如,科研院所数据由地方科技系统调查并逐级报送至科技部,高等学校数据由省教育厅(教委)调查并报送至教育部,企业等由统计部门负责的数据由地方统计部门调查并逐级报送至国家统计局。横向报送为综合数据的报送,在国家层面科技部、教育部等部门的综合数据报送至国家统计局,由国家统计局进行综合汇总;相应地在省级层面根据相关综合报表制度要求,省科技厅(科委)、省教育厅(教委)的综合数据报送至同级统计局,由同级统计局综合汇总(见图2.4)。

在各部门系统内部都建立了数据处理系统,基层数据采集后通过电子介质在确保安全的条件下逐级上报。其中,在统计部门,从2011年开始,随着国家统计局"四大工程"的实施,企业R&D统计纳入"一套表"联网直报。目前国家统计局正在实施"统计云"工程,数据采集上报与处理过程将向着更加信息化、数字化、智能化、规范化的方向发展。

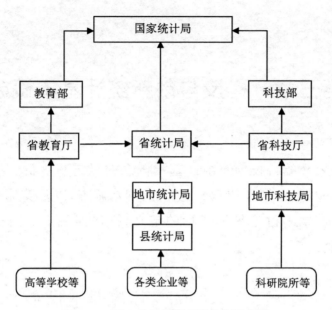

图 2.4　R&D 统计数据报送流程示意图

第三章　科技与创新统计基本概念

本章主要介绍科技创新统计基本概念的界定与辨析。按照科技创新统计主要领域，分别介绍 R&D 统计、创新调查，以及其他本领域中的重要概念。本章不讨论具体指标的定义，科技创新主要指标的情况在下一章介绍。

第一节　R&D 统计的基本概念

一、R&D 统计基本概念的界定

按照《研究与试验发展（R&D）投入统计规范（试行）》，研究与试验发展的英文全称为"Research and Experimental Development"，英文缩写为"R&D"，中文简称为"研发"。其定义是：R&D 指为增加知识存量（也包括有关人类、文化和社会的知识）以及设计已有知识的新应用而进行的创造性、系统性工作，包括基础研究、应用研究和试验发展三种类型。基础研究和应用研究统称为科学研究。R&D 活动应当满足五个条件：新颖性、创造性、不确定性、系统性、可转移性（可复制性）。

按活动类型分，R&D 分为基础研究、应用研究和试验发展三种类型。其概念分别是：

基础研究：是一种不预设任何特定应用或使用目的的实验性或理论性工作，其主要目的是为获得（已发生）现象和可观察事实的基本原理、规律和新知识。基础研究的成果通常表现为提出一般原理、理论或规律，并以论文、著作、研究报告等形式为主。基础研究包括纯基础研

24

究和定向基础研究。

纯基础研究是不追求经济或社会效益,也不谋求成果应用,只是为增加新知识而开展的基础研究。

定向基础研究是为当前已知的或未来可预料问题的识别和解决而提供某方面基础知识的基础研究。

其中,纯基础研究和定向基础研究为根据 2015 年第 7 版《弗拉斯卡蒂手册》修订后内容新增的概念。

应用研究:是为获取新知识,达到某一特定的实际目的或目标而开展的初始性研究。应用研究是为了确定基础研究成果的可能用途,或确定实现特定和预定目标的新方法。其研究成果以论文、著作、研究报告、原理性模型或发明专利等形式为主。

基础研究和应用研究可统称为科学研究。

试验发展:是利用从科学研究、实际经验中获取的知识和研究过程中产生的其他知识,开发新的产品、工艺或改进现有产品、工艺而进行的系统性研究。其研究成果以专利、专有技术,以及具有新颖性的产品原型、原始样机及装置等形式为主。

R&D 活动的三种类型存在一定线性关系,越靠近基础研究方向,在整个科技创新链条中越靠近前端和基本。从对研发结果的应用预期出发,可以帮助我们区分 R&D 活动类型:对成果应用的时间预期越长,类型越靠近基础研究方向;对成果应用的范围预期越广,类型越靠近基础研究方向(见图 3.1)。

不难看出,R&D 统计的基本概念是较为抽象、不易理解的。下面我们来通过进一步的比较和解释,通过一些实例来加强区分、加深印象。

二、R&D 统计基本概念的一些实例

首先,我们来看在定义中 R&D 活动须满足的五个条件:新颖性、创造性、不确定性、系统性、可转移性(可复制性)。只有当一个科技创新

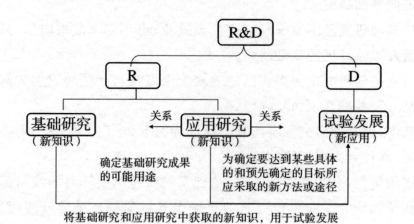

图 3.1　R&D 与基础研究、应用研究、试验发展的关系示意图

活动满足全部五个条件时,它才能归属于 R&D 活动。如何理解呢? 我们可以试着这样看:

1. 新颖性:可以理解为这项活动使现有知识存量出现增加,或出现了以前没有的新的技术应用。

反例:逆向研发、对已有知识的应用等。它们虽然也具备科技含量并具有一定"新"的特征,但不具备增加知识存量意义上的新颖性,不属于 R&D 活动。

2. 创造性:可以理解为这项活动是非常规的工作,需要人的智力投入。

反例:数据处理活动、职业技术培训等。它们虽然也可能与科技创新有关,但属于一般意义上的常规工作,不属于 R&D 活动。

3. 不确定性:可以理解为这项活动的成本、时间、实现程度等不能完全确定。

反例:基本成功的产品原型进入试生产。研发项目虽然一般都需要立项并按计划实施,但实施过程中仍具有较强的不确定性,甚至存在一定的失败可能。而进入试生产阶段的产品原型已基本完成研发阶段的工作,具有较强的确定性,一般不属于 R&D 活动。

4. 系统性:可以理解为这项活动是有组织、有计划、有人力保障、有资金来源的。

反例:民间科学爱好者。对于缺乏组织的个人行为,虽然也可能具有科学意义,但不具系统性,不能算作 R&D 活动。

5. 可转移性(可复制性):可以理解为这项活动的过程和结果是被记录的、可供他人使用的,是可重复实现的。

反例:科研成果这些情况下的活动不能为更多人知晓、或不能被他人重复和使用,不具有可转移或可复制的性质,不属于 R&D 活动。

对照以上条件,我们来看几个简单的例子,判断一下这些活动是否属于 R&D 活动[①]。

1. 在医疗卫生领域

对某种癌症治疗方法未知的副作用进行调查研究:是

治疗癌症病人的医疗实践:否

前者符合 R&D 活动的全部五个条件,而后者未增加知识存量,属于对已有知识的应用。

2. 在气象科学领域

研究建立新的天气预报模型:是

每日记录温度和气压:否

前者符合 R&D 活动的全部五个条件,而后者属于常规工作。

3. 在机械制造领域

设计一种新产品原型:是

现有产品的标准化维护和常规升级:否

前者符合 R&D 活动的全部五个条件,而后者属于常规工作。

4. 在软件开发领域

开发一种新的操作系统或编程语言:是

使用已知方法和现有软件工具开发业务应用软件:否

[①]　本节所举例子参考了 OECD《弗拉斯卡蒂手册》2015 年第 7 版。

前者符合 R&D 活动的全部五个条件,而后者属于对已有知识成果的应用。

需要特别注意的是,软件行业是一个比较特殊的行业,其 R&D 活动的认定是格外严格的。有必要再次强调,软件开发项目归为 R&D,必须取决于科学技术能得到进步(如可增加知识存量),其目标必须是系统地解决科学技术上的不确定性。但是,软件在作为整个 R&D 项目的一部分时可算作 R&D。

接下来,我们再来看几个关于判断 R&D 活动类型的例子,判断一下这些活动属于 R&D 活动中基础研究、应用研究、试验发展中的哪个类型。

5. 在化工领域

对某一类聚合反应条件的研究:基础研究

试图优化其中一个反应,使其具备某种性能或特殊用途:应用研究

对优化后的反应进行进一步评估,获得生产聚合物及其制品的方法:试验发展

6. 在医学领域

建立新的免疫球蛋白分类序列:基础研究

为鉴别各种疾病抗体进行研究分析:应用研究

根据对某种疾病的结构的了解设计合成抗体并进行临床试验:试验发展

7. 在研发飞机样机的过程中

对气流中的压强条件和固体颗粒的浮力研究:基础研究

为研制样机对所需的空气动力学数据进行研究:应用研究

进行风洞试验以及制作第一台样机外壳:试验发展

我们可以将工业企业作为典型代表,用《弗拉斯卡蒂手册》中的一张表格来对其 R&D 活动与非 R&D 活动的区别作一说明(见表 3.1)。

表 3.1 工业企业 R&D 活动与非 R&D 活动的区别

活动	处理	附注
原型	属于 R&D	目标是做进一步改进
试验工场	属于 R&D	目的是研发
工业设计	区别对待	包括研发过程中所需的设计,不包括生产工艺设计
工业工程和工装	区别对待	包括"反馈"研发,不包括生产过程
试生产	区别对待	包括同时进行全面测试与发现问题并作出实质性改进,不包括其他情况
预生产开发	不属于 R&D	
售后服务	不属于 R&D	除"反馈"研发外
专利和认证	不属于 R&D	申请专利和认证的行政和法律工作
常规检测	不属于 R&D	不管是不是 R&D 人员做的
数据收集	不属于 R&D	除非本身是一项 R&D 活动的一部分
日常执行公共标准和规则	不属于 R&D	

注:"反馈"研发指新产品新工艺进入生产环节后发现有技术问题需改进,又返回到研发环节

第二节 创新调查的基本概念

一、创新调查基本概念的界定

在熊彼特的《经济发展理论》中,曾将创新定义为"企业家把一种从来没有过的生产要素和生产条件实行新的组合,从而建立一种新的生产函数",并在经济意义上将创新活动归纳为引进新产品、引进新生产方法、开辟新市场、获得新的原材料或半成品供应渠道和实施新的产业组织方式等五种形式。熊彼特引入了"创造性破坏"的概念来描述创新对现有经济活动的破坏,这些创新创造了生产商品或服务的新方式,或创造了全新的产业。

经过多年发展,统计理论界形成了可测度的创新概念,即创新调查

国际规范《奥斯陆手册》中的相关界定。一般认为,企业是创新测度的主要对象,而创新和创新活动是创新测度框架中分析的核心内容。参照第 3 版《奥斯陆手册》规定,在目前我国企业创新调查实践中,对创新基本概念作如下定义。

创新:指推出了新的或有重大改进的产品或工艺,或采用了新的组织管理方式或营销方法。此处的"新"是指它们对本企业而言必须是新的,但对于其他企业或整个市场而言不要求一定是新的。

创新活动:广义的创新活动指为实现创新而进行的科学、技术、组织、商业等各种活动的总称。在统计实践中,创新活动一般指开展了产品或工艺创新活动,或实现了组织或营销创新。

需要注意的是,与 R&D 概念的一个不同是,此处的创新与创新活动是有区别的:创新一定要有取得成功的结果;而创新活动则可能成功、可能失败、也可能尚未取得结果,这些活动可能本身具有新颖性,也可能并不具有新颖性,但却是实现创新所必需的。

按照第 3 版《奥斯陆手册》,企业创新分为 4 种类型:产品创新、工艺(流程)创新、组织创新、营销创新。下面给出企业创新 4 种类型的定义。

产品创新指企业推出了全新的或有重大改进的产品。产品创新的"新"要体现在产品的功能或特性上,包括技术规范、材料、组件、用户友好性等方面的重大改进。不包括产品仅有外观变化或其他微小改变的情况,也不包括直接转销。此处的"新"是指该产品对本企业而言必须是新的,但对于其他企业或整个市场而言不一定是新的。

这里的产品既包括货物,也包括服务。对工业企业而言,货物方面产品创新的例子有新能源汽车、新功能手机等;服务方面产品创新的例子有新的保修服务,如显著延长的新产品保修期限等。对建筑业企业而言,货物方面产品创新的例子有功能或特性有重大改进的房屋、桥梁或配套的建筑构配件、建筑制品等;服务方面产品创新的例子有新形式的装修售后服务等。对服务业企业而言,货物方面产品创新的例子有新面世的盒装或下载版软件等；服务方面产品创新的例子有新型理财产品、显著改进的咨询服务、有突破进展的设计方案等。

工艺（流程）创新指企业采用了全新的或有重大改进的生产方法、工艺设备或辅助性活动。其中辅助性活动是指企业的采购、物流、财务、信息化等活动。工艺（流程）创新的"新"要体现在技术、设备、软件或流程上；不包括单纯的组织管理方式的变化。此处的"新"是指它对本企业而言必须是新的，但对于其他企业或整个市场而言不一定是新的。

对工业企业而言，生产工艺方面工艺（流程）创新的例子有采用新型自动化包装生产线替代人工包装等；对建筑业企业而言，施工工艺方面工艺（流程）创新的例子有新工法、显著改进的工具等；对服务业企业而言，推出服务或产品的方法方面工艺（流程）创新的例子有采用新型自动控制系统调配交通工具等。辅助性活动方面工艺（流程）创新的例子有首次采用条形码追踪原材料走向、开发新的软件进行财务管理等。

产品创新和工艺（流程）创新统称为技术创新。

组织创新在统计制度中又称为组织（管理）创新。指企业采取了此前从未使用过的全新的组织管理方式，主要涉及企业的经营模式、组织结构或外部关系等方面；不包括单纯的合并或收购。组织创新应是企业管理层战略决策的结果。此处的"新"是指它对本企业而言必须是新的，但对于其他企业或整个市场而言不一定是新的。

经营模式方面组织创新的例子有首次使用供应链管理、质量管理、信息共享制度等；组织结构方面组织创新的例子有首次使用机构设置、职责划分、权限管理、决策方式等；外部关系方面组织创新的例子有首次使用商业联盟、新式合作、外包或分包等。

营销创新指企业采用了此前从未使用过的全新的营销概念或营销策略，主要涉及产品设计或包装、产品推广、产品销售渠道、产品定价等方面；不包括季节性、周期性变化和其他常规的营销方式变化。此处的"新"是指它对本企业而言必须是新的，但对于其他企业或整个市场而言不一定是新的。

产品设计或包装方面营销创新的例子有现有产品的创意设计、为特定消费群体推出饮料新口味等;产品推广方面营销创新的例子有首次使用新型广告媒体、全新品牌形象、推出会员卡等;产品销售渠道方面营销创新的例子有首次使用电子商务、直销、特许经营、独家零售等;产品定价方面营销创新的例子有首次使用自动调价、折扣系统等。

需要指出的是,与第 3 版《奥斯陆手册》相比,第 4 版《奥斯陆手册》做了较大调整,将创新的定义从 4 种类型减少到 2 种类型:产品创新和商业流程创新(见图 3.2)。相应的,主要概念也变更为:

创新:企业创新是企业创造一种全新的或改进的、与以前显著不同的产品或商业流程(或其组合),并且已将其引入市场或由企业使用。

产品创新:是一种新的或改进的商品或服务,与企业以前的商品或服务显著不同,并且已经引入市场。

商业流程创新:是针对一个或多个业务功能所开发的全新或改进的商业流程,与企业以前的商业流程显著不同,并且已由企业使用。

商业流程创新涉及企业的 6 种主要业务功能,分别是:生产产品和提供服务、配送和物流、市场营销和销售、信息和通信系统、行政和管理、产品和商业流程开发。这 6 种功能与第 3 版《奥斯陆手册》中的工艺(流程)创新、组织创新、营销创新可完全匹配。

可见,第 4 版《奥斯陆手册》对创新的定义与分类与第 3 版《奥斯陆手册》可以完全匹配(见图 3.2)。考虑到我国文化与国情的现实情况,对技术创新的理解与接受程度远超过对商业流程创新的理解与接受程度,当前我国企业创新调查实践中采用了折衷的处理方式:暂不全盘引入第 4 版《奥斯陆手册》的分类与定义;在面向调查对象采集数据时,仍采用第 3 版《奥斯陆手册》的分类与定义,在数据处理阶段通过对填报数据的加工整理,形成新、旧两种口径的统计结果,从而在适应我国国情的同时实现国际接轨和国际比较。

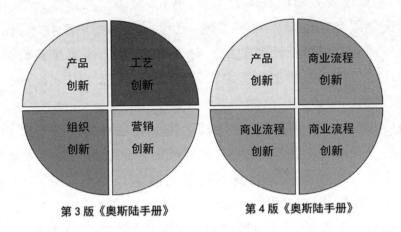

图 3.2　企业创新类型

二、创新调查基本概念的一些实例

创新调查基本概念的理解同样较为抽象,虽然在介绍概念时已经引入了一些简单的例子,我们仍有必要继续通过一些实例加深印象。

需要明确的是,在统计调查中一例创新的实现是在报告期内。这一点容易被忽视。即使其他条件都符合概念,如发生时间不在报告期内,则该实例不符合统计填报要求。

需要注意的是,企业创新类型的辨别与 R&D 活动类型有一个显著的不同,即对于一个具体案例,有可能同时属于不同的创新类型。相关文献与参考资料中所进行的企业创新类型划分更多是基于一种典型性,即强调该案例与这种创新类型的符合程度较高,并不等于该案例对于其他创新类型具有排他性。

在进行企业创新类型判断时需要注意几个关键点。首先要明确是否发生了创新,实现了创新还是没有实现?其次,一个实例属于哪类创新,除了与发生的创新行为本身有关,还与发生该实例的企业所属的行业有关,即同样的创新行为发生在不同行业的企业有可能属于不同的创新类型。第三,在判断创新类型时不仅要判断其属于四类创新中的哪一类,最好还要判断出具体的类型,例如,对于产品创新,是属于货物的创新还是服务的创新? 对于工艺(流程)创新,是属于技术、设备、软件的创新还是辅助性活动的创新? 对于组织创新,是属于经营模式、组织结构还是外部关系的创新? 对于营销创新,是属于外观设计、产品推广、营销渠道还是产品定价的创新?

最后我们还应了解,现实经济社会生活中各种情况千差万别,要准确判断每一个案例的类型,即使对该领域的专家也是具有很大难度的。

下面我们来对不同企业创新类型之间的区别与联系——进行说明。在4种创新类型之间两两相对,共有6对关系(见图3.3),其中有4对关系较易发生混淆:产品创新与工艺(流程)创新、工艺(流程)创新与组织创新、工艺(流程)创新与营销创新、产品创新与营销创新。

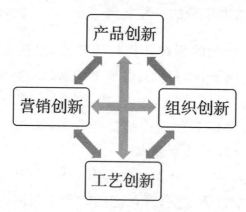

图 3.3 企业创新类型之间的区分

(一)产品创新与工艺(流程)创新的区分

对于工业企业,产品创新和工艺(流程)创新的边界相对比较清晰,但对于以提供服务为主的非工业企业而言,这一边界有时会较为模糊,给区分带来难度。

从目的上看,如果是为市场或消费者提供某项产品或服务,这项产品或服务本身是全新的或有重大改进的,则其属于产品创新,此时产生服务的过程、提供服务的方式或实现服务的技能并不一定改变。如果是将某种技术方法(包括工艺、设备、软件、辅助性活动等)应用于某项产品或服务,这种技术方法是全新的或有重大改进的,则其属于工艺(流程)创新,此时向市场提供的产品或服务本身不一定是新的,比如只降低了成本。如果同时具有两者,则其既是产品创新又是工艺(流程)创新。

案例 1　改进的人工智能技术在产品中的应用①

创新内容和主要特点:企业推进人工智能战略,致力于开展人工智能领域中最难、同时最具价值的技术突破。企业利用在数据、技术与应用场景方面的优势,运用输入法、搜索等功能进行语言处理,实现人工智能方面的技术突破。同时从用户需求出发,在产品上进行具体落地,以人工智能武装现有软件产品,通过在产品推广中结合用户的使用和搜索习惯,加入人工智能技术,达到了提高产品效率的目的。

类型判断:工艺(流程)创新

此案例的着眼点在于"实现人工智能方面的技术突破",属于技术方法方面。虽然同时提到"在产品上具体落地",但描述不够具体,未明确说明产品本身是否取得了重大改进。如产品本身也有重大改进,则同时也可算产品创新。另外,在措辞上,"XX 技术的应用"一般属于工艺(流程)创新;"XX 产品的推出"才属于产品创新。

(二)工艺(流程)创新与组织创新的区分

工艺(流程)创新和组织创新的目的和结果可能会较为类似,都旨在通过更有效的生产、流通和组织手段等实现降本增效。有些情况下,工艺(流程)创新和组织创新还是互相依存、互为条件的。其主要区别在于,工艺(流程)创新主要与新的工艺流程、设备软件等技术要素有关;组织创新主要与新的管理流程、机构设置、组织关系等人的要素有关。如果某项创新既引进新工艺设备,又采用新组织方式,则既是工艺(流程)创新又是组织创新。

---

① 本节例子参考了 OECD《奥斯陆手册》2005 年第 3 版与 2018 年第 4 版,中国统计出版社《企业创新案例集》,并感谢联合国教科文组织统计研究所(UIS)的相关工作。

案例 2　企业资源管理计划(ERP)平台的首次应用

创新内容和主要特点:通过引入企业资源管理计划(ERP)平台在企业人力资源、财务、生产、营销、仓储等方面管理的应用,实现企业合理调配资源,优化了人力资源结构,改善企业业务流程,提高企业生产管理的精细化水平,提升产品质量和产能,降低用工成本,降低企业整体能耗,增强企业核心竞争力,取得较好的经济效益。企业首次建立资源管理计划(ERP)改变了原有的组织管理方式方法,是管理创新方面的重大进步和变革。

类型判断:组织创新

此案例的着眼点在于组织管理方式方法的重大变革。另外,虽然案例中没有明确说明,但这个平台很可能是通过引入新的软件的形式实现的,这样的话它同时也可算作工艺(流程)创新。

(三)工艺(流程)创新与营销创新的区分

工艺(流程)创新和营销创新可以从创新的目的上进行区分。工艺(流程)创新的目的一般是为了降本增效,通常通过技术手段,从企业内部开展;营销创新的目的是提高销量或者销售额,通常通过改变产品定位或形象,针对外部客户开展。如果某项创新目的是提高销售量和减少单位成本,如开拓新的销售渠道同时实现新的物流方法,则既是工艺(流程)创新又是营销创新。

案例 3　首次利用 APP 推广产品

创新内容和主要特点:为迎合市场需求,公司研发出一款可通过手机 APP 进行控制使用并且具有通话功能的 LED 灯具产品,先在各大软件市场对此 APP 进行推广,然后尝试通过此 APP 对该产品进行反推广,这样下载 APP 的用户群体可以通过 APP 先行了解到产品的特性、功能,继而进行购买,从而达到对该产品进行营销的目的。

类型判断:营销创新

此案例的着眼点在于产品推广的营销目的,因此可算作营销创新。案例描述中没有体现出通过技术手段减少成本或提高质量的情况,因此不是工艺(流程)创新。此外,通过 APP 控制可以认为是产品功能上的重大改进,因此同时也可算作产品创新。这涉及到下一内容。

(四)产品创新与营销创新的区分

这里要对产品创新中的货物产品和服务产品分别讨论。

对货物产品而言,产品创新是产品本身功能和用途上的创新,属于技术创新;营销创新只是产品外观设计以及推广和销售模式上的创新,属于非技术创新。例如,使用新型纳米材料制作的服饰产品是产品创新,为产品设计新款式以提高定价是营销创新。如果既改进了产品功能,又改进了产品外观,则可以既是产品创新又是营销创新。

案例 4　食品包装设计创新

创新内容和主要特点:在预包装食品外观设计中,一反过去采用红、黄暖色调强调味觉的做法,大胆使用冷色为主体色调,在同类产品中独树一帜,标新立异,给消费者以新鲜清爽的视觉体验。同时,尽量实行包装减量化,包装材料易于重复利用或易于回收再生,可降解,以生态美学为依据,体现绿色意识,这种创新对公司及其品牌营销起了很大作用。

类型判断:营销创新

此案例的着眼点在于,产品包装变化的主要目的是为给消费者更好的视觉体验从而更好地销售商品,产品本身的功能特性没有明显变化,因此不是产品创新。

对服务产品而言,区别产品创新与营销创新要看实现创新的是服务本身还是营销方式。这通常要从实现创新的企业的性质(主要指企业所属行业)来判定。例如,对从事产品销售的企业,首次引入电子商务是营销创新;而对提供电子商务平台的企业,销售服务本身就是它们的产品,对其电商网站功能进行重大改进是产品创新。再如,一个新开发的软件服务平台,对开发它的软件公司是产品创新,而对首次使用它办理业务的运营公司是营销创新。此外,对营销创新和组织创新的例子注意强调"首次"。

案例 5　"中 X 在线"电子商务平台

创新内容和主要特点:公司是国内本行业首家拥有第三方支付牌照的挂牌电商,首次提供"中 X 在线"电子商务平台线上服务。线上业务集合了交易、支付结算、物流仓储及供应链金融等,整合工厂资源、社会资源,提供多种交易模式,不断优化交易流程,通过"流程标准化＋服务个性化"为上、中、下游交易用户解决购销难题,拓展交易渠道。

类型判断:产品创新

此案例的着眼点在于,企业的性质是什么? 其产品是货物还是服务? 如果企业属于制造业,生产的产品是有形的货物,打造电商平台是为了推广产品和拓展销售渠道的,该创新应属于营销创新。但该企业是电子商务企业,属于服务业,提供服务本身就是它的产品,因此这个平台属于新服务,应算作产品创新。

最后,我们可以用一个更直观简单的例子来把四类创新放在一起看一下。假如有一家饼店,新引进了一台可大幅提高产量的新型烤箱,那么它实现了工艺(流程)创新(在生产流程中使用的新技术新设备);它新成立了外卖部门,首次提供送货上门服务,则它也实现了组织创新(首次成立新的组织机构/模式)与产品创新(提供新的服务);它首次利用微商新媒体在附近小区对新服务进行广告宣传,则它也实现了营销创新(首次采用的新的广告宣传推广形式)[①]。这家饼店并未发生任何 R&D 活动,却能同时实现 4 类创新。可见,与 R&D 相比,创新的门槛并不高,不需要很高的技术含量。

第三节　其他重要概念

在科技创新统计中,除了 R&D 与创新相关概念外,还有一些重要概念,其中最为重要的是科技活动。我国科技创新统计历史上曾有相

---

① 　该例子改编自 Heinlo, A. (2011 年)《测量爱沙尼亚的研究、开发和创新》,哈萨克斯坦,阿拉木图,科学和科技指标研讨会。

当长的一段时期以科技活动作为统计的主要内容。按照联合国教科文组织《关于科学技术统计国际标准化的建议》和《科技活动统计手册》，其基本概念如下：

科学技术活动简称科技活动，是指所有与各科学技术领域（即自然科学、农业科学、医药科学、工程技术、人文与社会科学）中科技知识的产生、发展、传播和应用密切相关的系统的活动。

联合国教科文组织的标准将科技活动划分为三类：R&D、科技教育与培训（STET）和科技服务（STS）。其中，科技教育与培训是指与大学专科、本科及以上（硕士生、博士生）教育培训，以及针对在职研究人员的教育与培训有关的所有活动。科技服务（STS）是指与R&D活动相关并有助于科学技术知识的产生、传播和应用的活动。

我国科技统计将统计范围内的科技活动分为三类：R&D、R&D成果应用和科技服务。其中R&D成果应用是指为使试验发展阶段产生的新产品、材料和装置，建立的新工艺系统和服务，以及作实质性改进后的上述各项能够投入生产或在实际中运用，解决所存在的技术问题而进行的系统活动。科技服务的具体活动内容包括：科技成果的示范推广工作；信息和文献服务；技术咨询工作；自然、生物现象的日常观测、监测、资源的考察和勘探；有关社会、人文、经济现象的通用资料的收集、分析与整理；科学普及；为社会和公众提供的测试、标准化、计量、质量控制和专利服务等。

从定义中容易看出，科技活动与R&D活动的关系很明确：科技活动包含了R&D活动，R&D活动是科技活动的一部分（见图3.4）。

R&D活动是科技活动的核心组成部分。与其他科技活动相比，R&D活动的最显著特征是创造性，体现新知识的产生、积累和应用，常常会导致新的发现发明或新产品（技术）等，R&D活动预定目标能否实现往往存在不确定性。其他科技活动都是围绕R&D活动发生的，要么是为R&D成果向生产和市场转化而提供支持（R&D成果应用），要么是为R&D活动及知识传播提供全方位的配套支持服务（科技服务）。

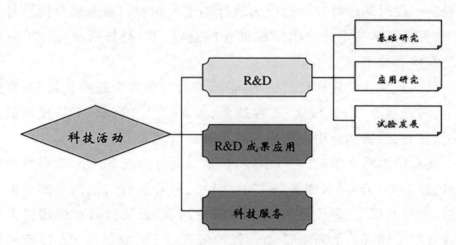

图 3.4 科技活动与 R&D 活动关系示意图

这些活动与 R&D 活动的根本区别在于,它只涉及技术的一般性应用,本身不具有创造性。

另一个较为重要的概念是高技术产业。高技术产业本质上是一种分类方法,属于国民经济行业分类的派生产业分类。国际上的高技术产业分类主要是 OECD 对高技术制造业的分类。我国的高技术产业分类有高技术产业(制造业)分类和高技术产业(服务业)分类。其中,高技术产业(制造业)分类与科技创新统计联系更为紧密,它是为准确反映高技术产业发展状况,健全高技术产业统计体系,依据《中华人民共和国统计法》,参照国际相关分类标准并以《国民经济行业分类》为基础制定的,目前最新版本为 2017 年根据《国民经济行业分类》(GB/T 4754—2017)为基础修订发布。其基本界定为:该分类所规定的高技术产业(制造业)是指国民经济行业中 R&D 投入强度[1]相对高的制造业行业,包括:医药制造,航空、航天器及设备制造,电子及通信设备制造,计算机及办公设备制造,医疗仪器设备及仪器仪表制造,信息化学品制造等6 个大类,并一共包括 34 个中类和 85 个小类。具体内容可参见本书附录。

---

[1] 高技术产业 R&D 投入强度是指 R&D 经费支出与企业主营业务收入之比。

第四节　主要概念的辨析

一、科技创新统计主要概念的区别与联系

在本节,我们重点探讨科技创新统计中最主要的三个概念:R&D、科技、创新之间的区别与联系。

首先,科技活动不等于 R&D 活动。它们的概念很明确,科技活动分为三类:R&D 活动、R&D 成果应用和科技服务。R&D 活动属于科技活动,但科技活动不都是 R&D 活动,其范畴要大于 R&D 活动。

在统计实践中,基础研究和应用研究具有理论性前瞻性,通常发生在具备较强实力的高校和科研院所;试验发展和 R&D 成果应用则更多发生在企业。R&D 成果应用既不是应用研究,也不是试验发展,不能纳入 R&D 活动。还要注意,为 R&D 提供间接服务,如餐饮、安保等也不算作 R&D 活动。

再者,创新活动也不等于 R&D 活动。在技术创新活动的主要类型中,除 R&D 活动外,还包括为实现创新而专门进行的获得机器设备和软件、获取相关技术,以及相关的培训、设计、市场推介、工装准备等活动,而这些都不是 R&D 活动。

需要强调的是,R&D 侧重于增加知识存量本身,主要反映通过投入人力物力财力创造技术;而创新则是一个与市场和经济紧密关联的概念,主要反映通过运用技术创造效益。

在科学技术产生、转化、应用和扩散的过程中,R&D 主要处于前端,与生产过程有明显分界,与市场不发生直接联系。科研成果的转化、产业化、技术改造、产品升级等均属于创新的范畴,而不能与 R&D 混为一谈。

我们还可以从以下几个角度来分析 R&D 与创新的区别。

从新颖度看,R&D 与创新都强调新,但 R&D 的新颖性和创造性

要求很高，必须有实质性的改进，是发明创造的范畴；而创新更强调新颖性的实现，它不一定是发明创造，对新技术的引进及采用也是创新。

从活动分布看，由于对新颖性要求高，R&D活动相应需要更加充分的条件保障，因此多集中在知识密集或技术密集型行业，如高技术制造业企业、研究型高校、科研院所；而创新活动并不一定以R&D为基础，对于多数企业而言实现难度并不太大，因此在低技术产业或小企业也很有可能发生。

从与市场的关系看，R&D活动强调知识存量的增加，不与市场直接发生关系；而创新活动更多是一个经济学概念，追逐利益最大化，与市场紧密联系。

从主要成果形式看，R&D活动的结果多是论文、专著、专利、技术秘密或技术诀窍、新产品样机等，而创新活动的结果是投向市场的新产品、新的生产方式、新的服务等。

进一步地，我们对R&D活动、科技活动和创新活动这三者的联系与区别进行辨析。首先看一张示意图：

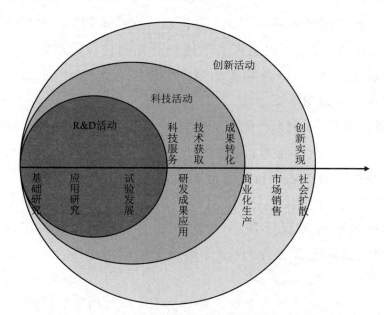

图3.5 R&D活动、科技活动与创新活动关系示意图

上图包含了三个维度:箭头方向代表线性过程维度,圆圈大小代表包含关系维度,颜色深度代表实现难度维度。[①]

从线性过程看:从活动发生的先后顺序上看,从 R&D、科技到创新构成了一个发展链条,存在着一定程度上的先后关系。R&D 位于这一链条的前端,注重新知识、新技术的产生本身,与生产过程有着较明显的分界,与市场不发生直接联系。这个过程之后,可能需要一些技术方面的准备来过渡到生产阶段,此时登场的是与生产有关的研发成果应用等其它科技活动。最后是与市场直接相关联的创新的实现。不过需要注意,在 R&D 活动开始的同时,科技活动与创新活动也已经开始进行了,只不过创新尚未实现而已。总的来说,在研发投入、技术获取、成果转化、商业生产、营销策略、改善组织、社会扩散这一实现经济效益的整个链条中,创新更侧重与市场的关系,R&D 更侧重增加知识存量,科技活动则介于两者之间。

从包含关系看:对于企业来说,从 R&D 活动、科技活动到创新活动,边界范围逐渐扩大。企业的科技活动中包含了 R&D 活动,创新活动中也包含了 R&D 活动;如与实现创新有关,创新活动还包含了科技活动。这里隐含了三层意思:一是这种包含关系是针对整体而言的。对于某项具体的创新活动,不一定与科技活动有关;一项具体的科技活动也不一定包含 R&D。二是这种包含关系仅限于"活动"。三是创新活动包含科技活动的前提是该科技活动与实现创新有关。对于企业而言,即使是科技服务与教育培训一类的科技活动,一般也都是与创新有关的,因此我们可以说这个前提是成立的。

从实现难度看:从 R&D、科技到创新,对新颖度的要求逐渐降低,实现难度逐渐减小。R&D 对于新颖性的要求最高,相应需要更加充分的条件保障,如高素质的专业人员、充足的经费、良好的组织机构、先进的仪器设备等,过程与结果也更具备高、精、尖特征,只有具备实力的研

---

① 　本节内容改编自:李胤,《关于研发科技和创新的那些事儿》,《中国统计》2014 年 8 月。

究单位和少数企业有条件做到,实现难度最大。创新则强调新颖性的实现,只要运用和扩散了某种新颖性即可算作创新,对于谁是最初的开发者并没有必然要求,对于多数企业而言实现难度并不太大。科技则介于两者之间。

由此可见,在科技创新统计工作中,R&D、科技和创新三者的内涵和外延有着清晰的边界,对其进行正确理解和准确识别,是科技创新统计工作者应具备的一项重要的基本业务能力。

二、科技创新统计概念辨析的一些实例

让我们再通过几个实例来加深对 R&D、科技和创新这 3 个基本概念的理解。

在本章第一节中,曾使用了研发飞机样机的例子:在研发飞机样机的过程中,对气流中的压强条件和固体颗粒的浮力研究属于基础研究,为研制样机对所需的空气动力学数据进行研究属于应用研究,进行风洞试验以及制作第一台样机外壳属于试验发展。至此发生的活动均属于 R&D 活动。但在此之后,为批量生产飞机所进行的工程设计、试生产等活动,则属于 R&D 成果应用,不再属于 R&D 活动。

配备新型设备的渔船的例子。某渔业公司购买了配备有多种新型设备的新式渔船,可以大大增强捕鱼的效率与航行的安全性。该公司并未发生任何 R&D 与科技活动,却通过技术改造实现了创新[①]。

高铁本地化的例子。某铁路公司购买了国外同行的专利,通过本地化和试生产等活动造出了新型高速列车并拿到订单。这里面可能发生了 R&D 活动,也可能并没有发生 R&D 活动,但无疑发生了科技活动中的 R&D 成果应用并实现了创新。

技术改造的例子。统计上的技术改造是指企业在坚持科技进步的前提下,将科技成果应用于生产的各个领域(产品、设备、工艺等),用先

---

① 此案例参考了 Anthony Arundel《History and design of the European Community Innovation Survey（CIS）questionnaire》,2014 年中国北京创新调查国际培训班。

进工艺、设备代替落后工艺、设备,实现以内涵为主的扩大再生产,从而提高产品质量、促进产品更新换代、节约能源、降低消耗,全面提高综合经济效益。从定义上看,其符合工艺(流程)创新的概念,应属于创新。其与 R&D 的概念并没有覆盖关系,属于两个不同范畴的概念;但可以确定的是,两者的重合度非常小。曾有本领域专家进行过测算,以大量级技术改造经费为基础,其中可以算作 R&D 经费的不到 1‰,基本可以忽略。所以就一般情况而言,也可以认为技术改造不属于 R&D。

第四章　科技与创新统计主要指标

　　本章主要介绍科技创新统计的主要指标。按照科技创新统计主要领域,分别介绍 R&D 统计、创新调查,其他科技统计以及综合技术服务等方面的主要指标,以介绍指标的定义为主,并对重要指标的用途作简要说明。

第一节　R&D 统计的主要指标

　　R&D 活动的统计指标可分为投入、产出和环境等三个维度。从投入看,主要包括为进行 R&D 活动所投入的人力和经费;从产出看,统计范围涵盖了为 R&D 活动所带来的新知识、新应用以及所引起的社会经济效应,主要有专利、新产品、论文和行业标准等;从环境看,主要为政府为企业开展 R&D 活动提供的政策支持,包括研发费用加计扣除减免税和高新技术企业减免税等。在《规范》中明确规定的 R&D 投入统计基本指标主要是 R&D 人员和 R&D 经费支出,本章节主要围绕这两个指标展开介绍。

一、R&D 人员

（一）R&D 人员的基本概念

　　R&D 人员是指报告期开展 R&D 活动的单位中从事基础研究、应用研究和试验发展活动的人员。包括:直接参加 R&D 活动的人员;与 R&D 活动相关的管理人员和直接服务人员,即直接为 R&D 活动提供资料文献、材料供应、设备维护等服务的人员。注意,R&D 活动提供间接服务的人员不属于 R&D 人员,如餐饮服务、安保人员等。

(二)R&D 人员的一般构成

R&D 人员按工作性质划分为研究人员、技术人员和辅助人员。研究人员是指从事新知识、新产品、新工艺、新方法、新系统的构想或创造的专业人员及 R&D 项目(课题)主要负责人员和 R&D 机构的高级管理人员。技术人员是指在研究人员指导下从事 R&D 活动的技术工作人员。辅助人员是指参加 R&D 活动或直接协助 R&D 活动的技工、文秘和办事人员等。

(三)R&D 人员的具体指标

R&D 人员主要统计指标为 R&D 人员数和 R&D 人员折合全时当量。R&D 人员数是指报告期内实际从事 R&D 活动的人员,以"人"为计量单位。R&D 人员折合全时当量是指报告期 R&D 人员按实际从事 R&D 活动时间计算的工作量,以"人年"为计量单位。这两个指标数出同源、相互关联、互为补充,共同完成了对 R&D 人员的统计测度。

按工作时间分,R&D 人员可分为全时人员和非全时人员。全时人员是指报告期从事 R&D 活动的实际工作时间占制度工作时间 90% 及以上的人员,其全时当量计为 1 人年;非全时人员是指报告期从事 R&D 活动的实际工作时间占制度工作时间 10%(含)－90%(不含)的人员,其全时当量按工作时间比例计为 0.1 人年－0.9 人年;从事 R&D 活动的实际工作时间占制度工作时间不足 10% 的人员,不计入 R&D 人员,也不计算全时当量。

二、R&D 经费

(一)R&D 经费的基本概念

R&D 经费支出是指报告期为实施 R&D 活动而实际发生的全部经费支出。不论经费来源渠道、经费预算所属时期、项目实施周期,也不论经费支出是否构成对应当期收益的成本,只要报告期发生的经费支出均应统计。其中,与 R&D 活动相关的固定资产,仅统计当期为固定资产建造和购置花费的实际支出,不统计已有固定资产在当期的折旧。R&D 经费支出以当年价格进行统计。

(二)R&D 经费内部支出和 R&D 经费外部支出

R&D 经费支出按经费使用主体分为内部支出和外部支出。内部支出是指报告期调查单位内部为实施 R&D 活动而实际发生的全部经费,外部支出是指报告期调查单位委托其他单位或与其他单位合作开展 R&D 活动而转拨给其他单位的全部经费。

为避免重复计算,全社会 R&D 经费为调查单位 R&D 经费内部支出的合计。举例如下:A 企业为研制某一新产品预期投入 100 万元开展 R&D 活动,在开展 R&D 活动中发现有部分技术工艺难以突破,遂以 30 万元委托 B 企业开展技术攻关。对 A 企业而言,R&D 经费共计 100 万元,其中内部支出 70 万元,外部支出 30 万元;对 B 企业而言,R&D 经费共计 30 万元,全部为内部支出。汇总时如采用各企业全部 R&D 经费之和,则 A 企业与 B 企业共计 130 万元,与实际 100 万元的总投入不符。因此汇总全社会 R&D 经费时应采用 R&D 经费内部支出合计。

(三)R&D 经费的日常性支出和资产性支出

R&D 经费内部支出按支出性质可分为日常性支出和资产性支出。日常性支出主要分为人员劳务费和其他日常性支出;资产性支出主要有土地与建筑物支出、仪器与设备支出等。

人员劳务费是指报告期调查单位为实施 R&D 活动以货币或实物形式直接或间接支付给 R&D 人员的劳动报酬及各种费用,包括工资、奖金以及所有相关费用和福利。非全时人员劳务费应按其从事 R&D 活动实际工作时间进行折算。其他日常性支出是指报告期调查单位实施 R&D 活动购置原材料、燃料、动力、工器具等低值易耗品的支出,以及各种相关的管理和服务等支出。

土地与建筑物支出是指报告期调查单位为实施 R&D 活动而购置土地(例如测试场地、实验室和中试工厂用地)、建造或购买建筑物而发生的支出,包括大规模扩建、改建和大修理发生的支出。仪器与设备支出是指报告期调查单位为实施 R&D 活动而购置的、达到固定资产标准的仪器和设备的支出,包括嵌入软件的支出。对于 R&D 活动与非 R&D 活动(生产活动、教学活动等)共用的建筑物、仪器与设备等,应按使用面积、时间等进行合理分摊。

(四)R&D 经费的资金来源类型

R&D 经费内部支出按资金来源划分为政府资金、企业资金、境外资金和其他资金。

政府资金是指 R&D 经费内部支出中来自于各级政府财政的各类资金,包括财政科学技术支出和财政其他功能支出的资金用于 R&D 活动的实际支出。

企业资金是指 R&D 经费内部支出中来自于企业的各类资金。对企业而言,企业资金指企业自有资金、接受其他企业委托开展 R&D 活动而获得的资金,以及从金融机构贷款获得的开展 R&D 活动的资金;对科研院所、高校等事业单位而言,企业资金是指因接受从企业委托开展 R&D 活动而获得的各类资金。

境外资金是指 R&D 经费内部支出中来自境外(包括香港、澳门、台湾地区)的企业、研究机构、大学、国际组织、民间组织、金融机构及外国政府的资金。

其他资金是指 R&D 经费内部支出中从上述渠道以外获得的用于 R&D 活动的资金,包括来自民间非营利机构的资助和个人捐赠等。

三、R&D 与研究开发

由于 R&D 相关概念专业性强、复杂度高、理解难度大,统计工作实践需将相对抽象的概念具象化,对计算 R&D 经费等指标所需的基础数据和资料开展统计调查。特别是对于广大企业,经常容易将 R&D 活动与生产经营活动、创新活动、技术改造活动等企业行为混淆。近年来,随着我国企业新会计准则的大范围施行,为更加准确计算 R&D 指标创造了条件。

2018 年,国家统计局对各类企业 R&D 经费等指标的统计方法和填报依据进行了改革,在基础数据采集上由原来的项目归集法调整为财务支出法,即企业根据会计账登记的研究开发会计科目以及研究开发项目资料填报相关基础数据,统计部门根据企业研究开发基础数据核算 R&D 经费。改革后源头数据采集更为贴近企业管理实际,与财政和税务等政策部门规定更趋一致,企业填报难度和负担得到有效减轻,R&D 经费统计方法也更为科学合理。在这一过程中,企业填报对象直接接触和使用的是基于会计口径的"研究开发"相关指标,而不是统计意义上的 R&D 统计指标。因此,有必要对"R&D"和"研究开发"指标进行进一步介绍。

(一)区别与联系

R&D(研究与试验发展)和研究开发都简称"研发",二者密切相关,却有不同的内涵,不能混为一谈。在开展统计调查时,要对二者有明确的区分。

"研究开发"是国家统计局开展企业研发调查时的口径,是企业依据相关会计科目或向税务部门提供的辅助账摘取而来,可称为会计口径。

"R&D"相关指标则是国家统计局按照《R&D 投入统计规范》中的基本概念,由基层调查数据测算后的结果,可称为统计口径。

(二)研究开发人员

1. 研究开发人员的基本概念

研究开发人员是指报告期内企业参加研究开发活动的人员合计。该指标应与企业会计账中有关研究开发会计科目或向税务部门提供的研发支出辅助账中人员人工费子科目里涉及的全部人员对应。

2. 研究开发人员的具体分项指标

按照工作性质,研究开发人员可分为管理和服务人员、项目研究开发人员两类。管理和服务人员指报告期内企业研究开发人员中主要从事项目管理和为项目提供直接服务的人员。项目研究开发人员指报告期内编入研究开发项目并实际从事研究开发活动的人员。

注意,这两项具体指标虽然有一定区分,但数据来源一致,均为企业会计账中有关研究开发会计科目或向税务部门提供的研发支出辅助账中的人员人工费子科目。另外,依据企业财务归集实际,企业无法将管理和服务人员与项目人员作明确区分,可能会将主管研究开发项目工作的负责人、研究开发活动管理部门的工作人员、为研究开发活动提供资料文献/材料供应/设备维护等服务的人员也归入项目人员。因此,统计部门在设计统计报表时,将项目人员及管理和服务人员这两项指标分别放不同报表下分别填报,并不要求企业对二者进行严格区分。

3. 研究开发人员的统计核算

从概念中我们了解到,研究开发人员分为"管理和服务人员""项目人员"两部分,这一分组与 R&D 人员完全对应,据此核算出企业 R&D 人员。具体公式为:

R&D 人员＝R&D 项目人员＋R&D 管理和服务人员

上文提到,项目人员、管理和服务人员存在一定重复。另外,还需注意的是,由于企业项目人员可能同时参加两个及以上的研究开发项目,为方便企业填报,企业在填报研究开发项目时,可重复填报,无须进行剔重,避免出现某一项目无人的情况。因此统计核算的重点在于将这两项具体指标进行剔重。

(三)研究开发费用

1. 研究开发费用的基本概念

研究开发费用指报告期内企业用于研究开发活动的费用合计,包括人员人工费用、直接投入费用、折旧费用与长期待摊费用、无形资产摊销费用、设计费用、装备调试费用与试验费用、委托外部研究开发费用及其他费用。

目前研究开发费用及分项指标一般对应于企业会计账设置的相关科目,指标数据须取自企业会计账中有关研究开发会计科目或向税务部门提供的研发支出辅助账中的研究开发费用和相关分组指标。

2. 研究开发费用的具体分项指标

研究开发人员人工费是指报告期内企业研究开发人员的工资薪金、基本养老保险费、基本医疗保险费、失业保险费、工伤保险费、生育保险费和住房公积金,以及外聘研究开发人员的劳务费用等。

研究开发直接投入费用是指报告期内企业为实施研究开发活动而实际发生的相关支出。包括直接消耗的材料、燃料和动力费用;用于中间试验和产品试制的模具、工艺装备开发及制造费,不构成固定资产的样品、样机及一般测试手段购置费,试制产品的检验费;用于研究开发活动的仪器、设备的运行维护、调整、检验、检测、维修等费用,以及通过经营租赁方式租入的用于研究开发活动的固定资产租赁费等。

委托外部研究开发费用是指报告期内企业委托境内外其他机构进行研究开发活动所发生的费用。

3. 研究开发费用的统计核算

上文提到,企业调查的研究开发费用是会计口径,需要经统计部门核算,调整为统计口径。核算方法及依据可参考以下几个具体例子:

1. 对于委托外单位开展研究开发的费用,财税上规定就企业而言"谁出资谁统计",企业委外费用计入研究开发费用,税收政策中在委托方加计扣除;统计上为避免宏观层面重复计算,规定"谁使用谁统计",只在内部支出方统计,企业委外费用不计入 R&D。

2. 对研发用固定资产,财税上适用权责发生制,要计算折旧费用;统计上适用收付实现制,规定一次性计入,因此固定资产折旧和摊销费用不计入 R&D.

3. 对于研发费用中的"其他费用"科目,财税上规定不能超过可加计扣除研发费用总额的一定比例;统计上按实际发生全部计入。

4. 企业研究开发费用中其他不属于 R&D 活动的费用支出,不能计入 R&D。

第二节　创新调查的主要指标

我国在企业创新调查的实践中,按照《奥斯陆手册》中企业创新的概念体系,并参考欧盟创新调查(CIS)的指标体系,设置了企业创新调查的基本指标体系,主要包括以下几方面。

一、反映企业创新活跃程度的指标

一是从企业创新活动的结果看,设置有实现创新企业比重和开展创新活动企业比重等主要指标,二者间主要区别在于调查对象在报告期内的创新活动是否取得成果,如果已经取得一定成果,实现相应目标,则属于实现创新企业;如果没有取得具体成果,相应创新活动仍在进行过程中,或者已经失败或者终止,则属于开展创新活动企业。在一定区域或行业范围内,根据对企业创新活动的判定,可以计算出不同类型企业所占比重,如开展创新活动企业占比和实现创新企业占比,是企业创新调查中评价特定区域或行业范围内企业创新活跃程度的核心指标。

二是从企业创新活动的内容看,设置有产品/服务创新企业、工艺/流程创新企业、组织/管理创新企业和营销创新企业等主要指标。产品/服务创新企业指报告期内推出了新的或有重大改进的产品或工艺的企业;工艺/流程创新企业指采用了全新的或有重大改进的生产方法、工艺设备或辅助性活动的企业;组织/管理创新企业指采取了此前从未使用过的全新的组织管理方式的企业;营销创新企业指采用了此前从未使用过的全新的营销概念或营销策略的企业。在一定区域或行业范围内,根据对企业创新活动类型的判定,可以计算出不同类型企业所占比重,如开展产品创新活动企业占比和实现产品创新企业占比,开展工艺(流程)创新活动企业占比和实现工艺(流程)创新企业占比,等等。构成企业创新调查中评价特定区域或行业范围内企业不同类型创新活动活跃程度的核心指标。

其中,根据创新活动具体内容的性质,将产品/服务创新企业和工艺/流程创新企业统称为技术创新企业,将组织/管理创新企业和营销创新企业统称为非技术创新企业,相应的统计指标有开展(非)技术创新活动企业占比和实现(非)技术创新企业占比等。

具体来看,技术创新活动包括以下几种类型:由本企业自行承担进行的研发活动;由本企业出资委托其他企业(包括集团内其他企业)、研究机构或高等学校进行的研发活动;为实现产品创新或工艺(流程)创新而购买(或自制)机器、设备、软件、土地、建筑等;为实现产品创新或工艺(流程)创新而从其他企业(包括集团内其他企业)、研究机构或高等学校获取各类专利、版权、技术诀窍、非专利发明和其他类型的技术;为实现产品创新或工艺(流程)创新而进行的人员培训;对新产品进行外观或包装方面的设计;将新产品推向市场时进行的市场调研和广告宣传等活动;以及其他创新活动,如与实现产品创新或工艺(流程)创新有关的可行性研究、检验测试、工装准备等。

从开展国际比较角度,反映企业创新活跃程度的指标可以视作企业创新调查的核心指标。

二、反映企业创新投入产出的指标

创新费用是反映企业开展技术创新活动投入费用规模的主要指标,其中包括企业开展 R&D 活动的经费支出,为开展创新活动获得机器设备和软件经费支出、以及为开展创新活动从外部获取相关技术经费支出。

通过产品/服务/工艺/流程创新实现的营业收入是反映企业技术创新市场化产出的主要指标,指报告期内工业企业销售新产品实现的销售收入,或通过服务业企业通过服务创新、建筑业企业通过工艺(流程)创新实现的营业收入。其中,对工业企业而言,企业产品创新实现的销售收入按照不同的新颖度情况,可以分为在国际市场上具有创新

性的新产品销售收入、在国内市场上具有创新性的新产品销售收入和
对本企业具有创新性的新产品销售收入,不同新颖度的新产品销售收
入是反映工业企业创新产出层次的重要指标。

三、反应创新活动组织模式及其他情况的指标

创新合作企业指其他企业或机构共同开展创新活动的企业。创新
合作要求企业必须是积极主动参与的,不包括纯外包项目,双方不一定
要取得商业利益。在一定区域或行业范围内,根据对企业是否开展创
新合作,可以计算出创新合作企业所占比重。其中,与高等学校或研究
机构开展创新合作的企业为产学研合作企业,相对应的指标为产学研
合作企业占比。此外,我国企业创新调查还采集企业创新阻碍因素、知
识产权保护情况、企业创新发展战略、创新政策落实情况等多方面的
信息。

需要说明的是,企业创新活动的指标体系的构建并不局限于企业
创新活动统计调查,企业(单位)研发活动年度统计调查也是重要的数
据来源。如创新费用指标,主要由企业研发及相关活动年度统计调查
中的基础指标构建而成。

第三节　其他科技统计主要指标

除了前面介绍的 R&D 统计主要指标和创新调查主要指标以外,科
技统计指标体系还包括研发固定资产情况、享受税收优惠政策情况、新
产品销售情况、企业办研发机构情况等指标,从不同维度反映科技创新
投入、产出及成效。其他主要指标如下。

当年形成用于研究开发的固定资产:指报告期内企业形成用于研
究开发的固定资产原价。该指标应与企业有关会计科目计入的形成用
于企业研究开发活动的固定资产原价对应。对于研究开发与生产共用
的固定资产应按比例进行分摊,其中仪器和设备一般应按使用时间进

行分摊,建筑物一般应按使用面积进行分摊。

当年形成用于研究开发的固定资产中仪器和设备:指报告期内企业形成用于研究开发的固定资产中的仪器和设备原价。其中,设备包括用于研究开发活动的各类机器和设备、试验测量仪器、运输工具、工装工具等。

申报加计扣除减免税的研究开发支出:指报告期内企业实际用来申报研发加计扣除减免税政策的研究开发经费,该指标应与向税务部门申报的有关研发加计扣除减免税备案表或归集表中的允许扣除的研发费用合计一致。

加计扣除减免税金额:指报告期内企业按有关政策和税法规定税前加计扣除的研究开发活动费用所得税,按当年税务部门实际减免的税额填报。对尚未得到当年减免税额的企业,按上年实际减免税额填报。

高新技术企业减免税金额:指报告期内高新技术企业按照国家有关政策依法享受的企业所得税减免额,按当年税务部门实际减免的税额填报。对尚未得到当年减免税额的企业,按上年实际减免税额填报。

期末机构数(企业办研究开发机构):指报告期末企业在境内自办的研究开发机构数量。企业办研究开发机构指企业自办(或与外单位合办),管理上同生产系统相对独立(或单独核算)的专门研究开发机构,如企业办的技术中心、研究院所、开发中心等。企业办研究开发机构经过资源整合,同一机构被国家或省级有关部门认定为不同名称技术创新平台的,应按一个机构填报。与外单位合办的研究开发机构若主要由本企业出资兴办,则由本企业统计,否则应由合办方统计。企业研究开发管理职能处(科)室(如科研处、技术科等)一般不统计在内;若科研处、技术科等同时挂有研究开发机构的牌子,视其报告期内主要工作任务而定,主要任务是从事研究开发活动的可以统计,否则不予统计。本指标不含企业在国外或港澳台设立的研究开发机构数。

机构研究开发人员:指报告期内企业办研究开发机构中研究开发

人员合计。

机构人员合计中博士毕业:指报告期内企业办研究开发机构中具有博士学历或博士学位的研究开发人员。

机构人员合计中硕士毕业:指报告期内企业办研究开发机构中具有硕士学历或硕士学位的研究开发人员。

机构研究开发费用:指报告期内企业办研究开发机构中用于研究开发活动的费用合计,包括人员人工费用、直接投入费用、折旧费用与长期待摊费用、无形资产摊销费用、设计费用、装备调试费用与试验费用、委托外部研究开发费用及其他费用。

期末仪器和设备原价:指报告期末企业办研究开发机构固定资产中仪器和设备的原价,不包括长期闲置不用的仪器和设备。

专利所有权转让及许可数:指报告期内企业向外单位转让专利所有权或允许专利技术由被许可单位使用的专利件数。

专利所有权转让及许可收入:指报告期内企业向外单位转让专利所有权或允许专利技术由被许可单位使用而得到的收入。包括当年从被转让方或被许可方得到的一次性付款和分期付款收入,以及利润分成、股息收入等。

新产品销售收入:指报告期企业销售新产品实现的销售收入。新产品是指采用新技术原理、新设计构思研制的全新产品,或是在已有产品基础上,对结构、材料、工艺、性能等方面有较大改进,较原产品有突破性变革,显著提升产品性能的产品。既包括经政府有关部门认定并在有效期内的新产品,也包括企业自行研制开发,未经政府有关部门认定,从投产之日起2年之内的新产品。

新产品销售收入中出口:指报告期内企业将新产品销售给外贸部门和直接出售给外商所实现的销售收入。

技术改造经费支出:指报告期内企业进行技术改造而发生的费用支出。技术改造指企业在坚持科技进步的前提下,将科技成果应用于生产的各个领域(产品、设备、工艺等),用先进工艺、设备代替落后工艺、设备,实现以内涵为主的扩大再生产,从而提高产品质量、促进产品更新换代、节约能源、降低消耗,全面提高综合经济效益。

购买境内技术经费支出:指报告期内企业购买境内其他单位科技成果的经费支出。包括购买产品设计、工艺流程、图纸、配方、专利、技术诀窍及设备的费用支出。

引进境外技术经费支出:指报告期内企业用于购买国外或港澳台技术的费用支出,包括产品设计、工艺流程、图纸、配方、专利等技术资料的费用支出,以及购买设备、仪器、样机和样件等的费用支出。

引进境外技术的消化吸收经费支出:指报告期内企业引进国外或港澳台技术的消化吸收经费支出。引进技术的消化吸收指对引进技术的掌握、应用、复制而开展的工作,以及在此基础上的创新。引进技术的消化吸收经费支出包括:人员培训费、测绘费、参加消化吸收人员的工资、工装、工艺开发费、必备的配套设备费、翻版费等。

期末企业在境外设立的研究开发机构数:指报告期末企业在国外或港澳台自办(或与外单位合办)的专门研究开发机构。与外单位合办的研究开发机构若主要由本企业出资兴办,则由本企业统计,否则应由合办方统计。

第四节　综合技术服务主要指标

除政府综合统计部门以外,科技创新各行政主管部门也建立了较为完善的统计指标体系,便于及时了解掌握分领域科技资源集聚现状和创新发展趋势,为制定出台相关政策提供重要数据支撑。其中,知识产权,科技成果与科技合作,勘查、测绘、气象与检验检测,孵化器与众创空间,以及科普类指标具有一定代表性。

一、专利等知识产权相关主要指标

专利:是专利权的简称,是发明创造经审查合格后,由国务院专利行政部门依据专利法授予申请人对该项发明创造享有的专有权。发明创造是指发明、实用新型和外观设计。

发明：指对产品、方法或者其改进所提出的新的技术方案。

实用新型：指对产品的形状、构造或者其结合所提出的适于实用的新的技术方案。

外观设计：指对产品的形状、图案或者其结合以及色彩与形状、图案的结合所作出的富有美感并适于工业应用的新设计。

专利申请数：指报告期内经我国国家知识产权局受理后，按规定缴足申请费，符合进入初步审查阶段条件的专利申请件数。

专利授权数：指报告期内经我国国家知识产权局审查合格后依法授予专利权的专利数量。

有效专利数：指截至报告期末经我国国家知识产权局授权并处于专利权维持状态的专利数量。

PCT 专利申请受理量：指国家知识产权局作为 PCT 专利申请受理局受理的 PCT 专利申请数量。PCT（Patent Cooperation Treaty）即专利合作条约，是专利领域的一项国际合作条约。

每万人口高价值发明专利拥有量：指每万人口本国居民拥有的经国家知识产权局授权的符合下列任一条件的有效发明专利数量：战略性新兴产业的发明专利；在海外有同族专利权的发明专利；维持年限超过 10 年的发明专利；实现较高质押融资金额的发明专利；获得国家科学技术奖、中国专利奖的发明专利。

集成电路布图设计登记数：指报告年度调查单位向知识产权行政部门提出登记申请并被受理登记的集成电路布图设计的件数。

植物新品种权授权数：指报告年度调查单位向农业行政部门（审批机关）提出申请并被授予植物新品种的项数。

二、科技成果、科技合作等相关指标

形成国家或行业标准数：指报告期内调查单位在自主研发或自主

知识产权基础上形成的国家或行业标准。形成国家或行业标准须经有关部门批准。

发表科技论文:指在学术刊物上以书面形式发表的最初的科学研究成果。应具备以下三个条件:(1)首次发表的研究成果;(2)作者的结论和试验能被同行重复并验证;(3)发表后科技界能引用。

出版科技著作:指经过正式出版部门编印出版的论述科学技术问题的理论性论文集或专著以及大专院校教科书、科普著作。但不包括翻译国外的著作。由多人合著的科技著作,由第一作者所在单位统计。

科学引文索引(Science Citation Index,简称SCI):指由美国科学情报研究所(ISI)于1961年创制,其中主要收录了生命科学、医学、生物、物理、化学、农业、工程技术等领域的科技文献,是国际公认的进行科学统计与科学评价的主要检索工具。

工程索引(The Engineering Index,简称EI):创刊于1884年,由美国工程信息公司编辑出版。作为世界著名的工程技术领域的文献检索系统,主要收录了机械工程、机电工程、船舶工程、制造技术、矿业、冶金、材料工程、金属材料、有色金属、陶瓷、塑料及聚合物工程、土木工程、建筑工程、结构工程、海洋工程、水利工程等工程和应用科学领域的文献。

科技会议录索引(Conference Proceedings Citation Index－Science,简称CPCI－S):原名ISTP,是美国科学情报研究所编辑出版的另一大论文检索工具,创刊于1978年。该索引主要收录了生命科学、物理与化学科学、农业、生物和环境科学、工程技术和应用科学等学科的会议文献,包括一般性会议、座谈会、研究会、讨论会、发表会等。

技术成交合同数:指报告期内签订成立的技术合同成交项目的总项数。技术合同包括技术开发合同、技术转让合同、技术咨询合同、技术服务合同等。

技术开发合同:指当事人之间就新技术、新产品、新工艺或者新材料及其系统的研究开发所订立的合同。包括委托开发合同和合作开发合同。

技术转让合同:指当事人之间就专利权转让、专利申请权转让、技术秘密转让、专利实施许可转让、计算机软件著作权转让、集成电路布图设计专有权转让、植物新品种权转让、生物、医药新品种权转让所订立的合同。

技术咨询合同:指一方当事人为另一方就特定技术项目提供可行性论证、技术预测、专题技术调查、分析评价所订立的合同。

技术服务合同:指一方当事人以技术知识为另一方解决特定技术问题所订立的合同,包括一般性技术服务合同、技术中介合同和技术培训合同。

技术成交合同金额:指报告期内签订成立的技术合同成交项目的总金额。

重大科技成果:指本年度完成,并通过地方、国务院各有关部门科技成果管理机构或经其批准的中介机构评价的,并且由成果第一完成单位在地方或国务院各有关部门科技成果管理机构登记备案的科技成果项数。

国际科技合作项目:指在报告期内,由本部门立项和支持的、新签订的科技合作研究项目(不含涉密项目)。

出访项目:包括在报告期内,经审批和管理的所有出访项目(含港、澳地区,不含台湾地区),包括国际会议、合作研究、培训、科技展览和其他出访项目。

来华项目:国际科技合作来华项目包括在报告期内,经审批和管理的所有接待项目(含港、澳地区)。来华项目类别参照出国项目。为避免重复统计,每个团组只由中方主接待单位填报。某个团组的主接待单位指向上级主管部门呈报公文,并获得批准接待该团组的单位。

三、勘查、测绘、气象、检验检测等主要指标

地质勘查费用:指报告期内完成的来自各方面的地质勘查资金。包括完成的中央财政、地方财政地质勘查拨款,企事业单位、港澳台商、

外商投入的地质勘查工作的资金以及其他资金。

勘查技术人员:指在地勘单位中从事工作并取得劳动报酬的,具有初级及初级以上地质勘查专业技术职称的在职职工,包括已取得专业技术职称,现从事技术管理和行政管理工作的行政人员。

大地测量:指研究和确立地球形状、大小、重力场、整体与局部运动和地表面点的几何位置以及他们的变化的测量技术和方法。

水准测量:指测定地面两点间高差的技术。

地形图:指地表起伏形态和地物位置、形状在水平面上的投影图。该指标统计纸质形式的地形图,包括模拟地形图和用地形图制图数据喷绘的纸图,按 1∶500、1∶1000、1∶2000、1∶5000、1∶1 万、1∶5 万、1∶25 万、1∶100 万和其他比例尺分别进行统计。

测绘基准成果:指大地测量活动中所获取的各类成果资料。包括GPS 点、三角点、导线点、水准点等。

航摄成果:指为满足社会及测绘生产对基础测绘信息的需求而完成的航空摄影成果资料。

地面观测:是对地面表面一定范围内的气象状况及其变化过程进行系统的、连续的观察和测定,为天气预报、气象信息、气候分析、科学研究和气象服务提供重要的依据。

辐射观测:包括太阳辐射与地球辐射两部分。包括直接辐射、净全辐射、总辐射、散射辐射、反射辐射、长波辐射和紫外辐射等观测项目组成。

闪电定位监测:用于监测云闪和地闪发生的时间、位置和强度等信息

空间天气观测:主要是利用地基、天基监测设备获得的相关资料,对太阳表面、行星际、磁层和电离层中的粒子、电场、磁场和波动等等离子体和电磁参数,热层和电离层中的密度、温度和速度等流体参数进行连续监测。

高空气象观测站:是指利用气球携带无线电探空仪,以自由升空方

式对自地球表面到几万米高度空间的大气要素(温度、湿度、气压)和运动状态(风向、风速)等的变化进行观测的气象台站。

天气雷达观测站:是指通过天气雷达开展大气中云雨发展过程和风场变化观测的气象台站。

风廓线雷达观测站:是指利用风廓线雷达开展高空大气垂直遥感探测获取大气三维风场信息的气象台站。

国家标准:指需要在全国范围内统一的技术要求,由国务院标准化行政主管部门编制计划,组织草拟,统一审批、编号、发布的标准。强制性标准　指保障人体健康,人身、财产安全的标准和法律、行政法规规定强制执行的标准。

推荐性标准:指强制性以外的标准。

国标标准采用程度—等同:指与国际标准在技术内容和文本结构上相同,或者与国际标准在技术内容上相同,只存在少量编辑性修改。

国标标准采用程度—修改:指与国际标准之间存在技术性差异,并清楚地标明这些差异以及解释其产生的原因,允许包含编辑性修改。

国标标准采用程度—非等效:指与相应国际标准在技术内容和文本结构上不同,他们之间的差异没有被清楚地标明。

计量基准:经国家市场监督管理总局批准,在中国境内为了定义、实现、保存、复现量的单位或者一个或多个量值,用作有关量的测量标准定值依据的实物量具、测量仪器、标准物质或者测量系统。

社会公用计量标准:指县级以上人民政府计量行政部门组建的,作为统一本地区量值的依据,并对社会实施计量监督具有公正作用的各项计量标准。

制造业产品质量合格率:指以产品质量检验为手段,按照规定的方法、程序和标准实施质量抽样检测,判定为质量合格的样品数占全部抽样样品数的百分比,统计调查样本覆盖制造业的 29 个行业。

四、孵化器、众创空间等主要指标

国家级科技企业孵化器:指符合《科技企业孵化器管理办法》规定

的,以促进科技成果转化、培育科技企业和企业家精神为宗旨,提供物理空间、共享设施和专业化服务的科技创业服务机构,且经过科学技术部批准确定的科技企业孵化器。

孵化器使用总面积:指报告期内,科技企业孵化器内实际占用的场地面积,以及与相关单位以合同方式确立的可自主支配的孵化场地面积之和。其中包括:用于孵化器办公场地、在孵企业使用场地、公共服务平台场地(包括会议室、复印室、餐厅、活动室、实验室等用于公共服务的场地)、与孵化器具有关联的其他企业、机构等占用的场地面积之和。

孵化器内企业总数:指报告期内,科技企业孵化器可使用面积内所有企业总数。

在孵企业数量:指截至报告期末,科技企业孵化器内在孵企业的总数。

高新技术企业:指经各地方高新技术企业认定管理机构认定,获得高新技术企业证书,并在有效期内的企业。

科技型中小企业:指符合《科技型中小企业评价办法》规定的相关条件,且在"全国科技型中小企业信息服务平台"通过自主评价,获得全国科技型中小企业入库登记编号,并在有效期内的企业。

累计毕业企业:指科技企业孵化器成立后累计毕业企业总数。

当年毕业企业:指在统计年度内,科技企业孵化器内毕业企业的总数。

获得投融资的在孵企业数量:指报告期内,获得投融资(包括种子基金、天使投资、A 轮融资、B 轮融资、C 轮融资、新三板或上市、银行信贷、担保等)的在孵企业的数量。

在孵企业获得投融资总额:指报告期内,在孵企业获得各类投融资(包括种子基金、天使投资、A 轮融资、B 轮融资、C 轮融资、新三板或上市、银行信贷、担保等)的总额。

国家备案众创空间:指符合《发展众创空间工作指引》规定的新型

创新创业服务平台,且按照《国家众创空间备案暂行规定》经科学技术部审核备案的众创空间。

众创空间使用总面积:指报告期内,众创空间内实际占用的场地面积,以及与相关单位以合同方式确立的可自主支配的孵化场地面积之和。其中包括:用于众创空间和企业使用场地、公共服务场地(包括会议室、复印室、餐厅、活)、与众创空间具有关联的其他企业、机构等占用的场地面积之和。

服务创业团队及企业的数量:指报告期内,众创空间服务的创业团队及企业的数量。

团队及企业当年获得投融资总额:指报告期内,创业团队及企业获得各类投融资(包括种子基金、天使投资、A 轮融资、B 轮融资、C 轮融资、新三板或上市、银行信贷、担保等)的总额。

创业团队和企业人员数量:指截至报告期末,创业团队和企业参与创业及就业的人员总数。

吸纳应届大学毕业生数量:指报告期内,创业团队和企业中参与创业及就业的应届大专以上学历的人员总数。

五、科普相关指标

科普专职人员:指报告期末,从事科普工作时间占其当年全部工作时间 60%及以上的人员。包括科普管理工作者,从事专业科普创作、研究、开发的人员,专职科普作家,中小学专职科技辅导员,科普场馆各类直接从事与科普相关工作的人员,科普类图书、期刊、报刊科技(普)专栏版的编辑,电台、电视台科普频道、栏目的编导,科普网站等网络平台的信息加工人员。

科普兼职人员:指报告期末,在非职业范围内从事科普工作(仅在某些科普活动中从事宣传、辅导、演讲等工作),以及其科普工作时间不能满足科普专职人员要求的从事科普工作的人员。包括:进行科普(技)讲座等科普活动的科技人员,由科技人员所在单位填写;中小学兼职科技辅导员,由其所在学校填写;参与科普活动的志愿者,科技馆(站)的志愿者等,由志愿者所在单位填写。

科普场馆:包括科技馆(指以科技馆、科学中心、科学宫等命名,以参与、互动、体验为主要展示教育形式,传播、普及科学技术知识的综合性和专题性固定实体场馆);科学技术类博物馆(指以收藏和展示为主要形式,传播、普及科学技术知识的综合性和专题性固定实体场馆。包括科技博物馆、天文馆、水族馆、标本馆、陈列馆以及设有自然科学部/人文社会科学部的综合博物馆等);青少年科技馆站(指以青少年科技馆、科技中心等命名,专门用于开展面向青少年科普宣传教育的固定实体场馆)。

当年科普经费筹集额:指统计年度内填报单位筹集的可专门用于科普工作管理、研究开发以及开展科普活动、进行科普场馆建设等科普事业的各项工作经费之和。

科普图书:科普图书的含义非常广泛,凡是以非专业人员为阅读对象,以普及科学技术知识、倡导科学方法、传播科学思想、弘扬科学精神为目的,在新闻出版机构登记、有正式书号的科技类图书,均可以划归科普图书。

科普(技)讲座:指通过实地或者网络举办的,各种面向社会,以普及科技知识、倡导科学方法、传播科学思想和弘扬科学精神为主要内容的公益性讲座。由讲座的第一组织单位填写。如由几个单位联合举办,组织单位名单中排名第一的为第一组织者,其他几个组织单位不再统计本次活动。

科普(技)专题展览:指通过实地或者网络举办的,围绕某个主题所进行的、具有科普性质的展教活动,包括常设展览、临时展览和巡回展览。

青少年主题科普活动:指以展品、作品等为依托开展的,针对特定主题,面向青少年人群的趣味科学实验、主题导览、科普剧、科学小制作、科学秀、科学主题沙龙、小小科普辅导员培训等实地科普活动。

科技活动周科普专题活动:指在科技活动周期间以实地或网络化形式,按照专题举办的各类科普活动。

中国科协基层组织:各级科协在科技工作者集中的企业事业单位、高校院校和有条件的乡镇(街道)、村(社区)、农村等建立的科学技术协会(科学技术普及协会)等。主要包括企业科协、高校科协、乡镇/街道科协、村/社区科协、农技协等。

个人会员(基层组织个人会员):指企业、高校、乡镇、街道等建立的科学技术协会(科学技术普及协会)发展的个人会员(取得本学会会员资格的人员)。

学会个人会员:指在学会注册登记,并取得会员资格的人员(包括外籍会员)。

公民具备科学素质:是指崇尚科学精神,树立科学思想,掌握基本科学方法,了解必要科技知识,并具有应用其分析判断事物和解决实际问题的能力。公民具备科学素质比例数据是面向 18—69 岁公民开展抽样调查获得。

第五章　科技与创新统计制度方法

本章主要介绍科技创新统计的制度方法、开展方式与调查组织实施形式。在调查方法上,按照科技创新统计主要领域,分别介绍 R&D 统计、创新调查的报表制度与填报要求;在调查组织实施上,分别对统计部门和其他相关部门的科技创新统计调查组织实施方式作简要介绍;此外还针对中国创新指数编制方法作简要介绍。

第一节　R&D 统计的调查方法

一、R&D 统计方法制度概述

R&D 统计方法制度的制定,是为调查了解全国科技创新活动的规模、结构和发展水平,满足宏观决策和管理的需求,为国家制定科技创新政策和进行科技创新管理提供依据。目前我国 R&D 统计的报表制度由综合统计制度、部门统计调查制度组成,主要包括《科技创新综合统计报表制度》、统计部门《企业(单位)研发活动统计报表制度》,以及相关部门《科学研究和技术服务业非企业单位科技活动统计调查制度》等统计制度。

二、R&D 统计相关报表制度

本书第二章已对 R&D 统计基本架构进行了介绍,相关统计报表制度的制定正是围绕三级统计架构设计,按照条块结合、分级负责的方式执行。《研究与试验发展(R&D)投入统计规范(试行)》第一章第四条规定,R&D 投入统计调查分别由统计、科技、教育等行政主管部门负责组织实施,统计部门负责报表制度的统一管理、全国和各地区数据的综合汇总及对外发布。根据以上规定,国家统计局、科技部、教育部等依照《中华人民共和国统计法》,分别研究制定了部门 R&D 统计方法制度。

国家统计局研究制定了《科技创新综合统计报表制度》,综合汇总全社会 R&D 投入统计数据。

科技部研究制定了《科学研究和技术服务业非企业单位科技活动统计调查制度》,负责政府属独立法人科学研究与技术开发机构、科技信息与文献机构等单位及科学研究和技术服务业其他非企业法人单位的 R&D 活动情况调查。

教育部研究制定了《全国普通高等学校科技统计调查制度》,负责全日制普通高等学校及附属医院的 R&D 活动情况调查。

国家统计局研究制定了《企业(单位)研发活动情况统计报表制度》,负责各类企事业法人单位的 R&D 活动情况调查。

下面重点介绍国家统计局《企业(单位)研发活动统计报表制度》。

(一)调查方法和调查范围

《企业(单位)研发活动统计报表制度》是国家统计调查制度的一部分,是国家统计局对各省、自治区、直辖市统计局的统一要求。各地区统计局应按照制度规定的统计范围、统计口径和计算方法,认真组织实施,按时报送。

《企业(单位)研发活动统计报表制度》是年度调查报表。国家统计局对规模以上工业,特、一级总承包,一级专业承包建筑业企业法人单位,交通运输、仓储和邮政业,信息传输、软件和信息技术服务业,租赁和商务服务业,科学研究和技术服务业,水利、环境和公共设施管理业,卫生和社会工作,文化、体育和娱乐业等企业法人单位实施全面调查;对规模以下制造业,信息传输、软件和信息技术服务业,科学研究和技术服务业企业法人单位实施抽样调查;对科研育种相关企业和未在科技、教育部门报表统计范围内的三级甲等医院实施重点调查。目前规模以上企业法人单位年度调查量约 70 万家,规模以下法人单位抽样调查量约 10 万家,三甲医院补充调查量约 1000 家。

规模以上企业法人单位和三甲医院基层数据一般于次年的 1 月 20 日至 3 月 10 日从联网直报平台上报,各地区统计部门于次年的 3 月 31 日前完成数据审核、验收;规模以下企业法人单位基层数据一般于当年的 12 月 1 日至 12 月 20 日前从联网直报平台上报,各地区统计部门于当年 12 月 25 日前完成数据审核、验收。

(二)调查单位和填报依据

企业研发活动调查单位以纳入国家统计局企业一套表调查体系的单位为基础,且调查单位的报表类别、行业代码、单位规模、机构类型、建筑业资质等级等均须经各级统计部门普查机构认定,符合《企业(单位)研发活动统计报表制度》中规定的填报单位资质。调查单位资质不符合的不予设置填报。

填报企业研发活动统计报表的调查单位,填报数据的来源应为企业设置的有关研究开发会计科目,或向税务部门申报研发费用加计扣除减免政策的辅助账,企业自行设立的辅助账或向其他行政主管部门报送的财务资料不得作为填报依据。

企业法人单位在填报研发活动统计报表时,应严格遵守法人在地原则,即企业填报的范围仅限法人和本法人下属产业活动单位的相关数据,不包含下属各类法人单位数据,坚决避免集团数据打捆上报的现象。

未开展研发活动的企业可空表上报。

三、企业研发活动统计报表填报要求

(一)统计基本原则

1. 法人单位在地统计原则

法人单位指同时具备下列条件的单位:一是依法成立,有自己的名称、组织机构和场所,能够独立承担民事责任;二是独立拥有和使用(或受权使用)资产,承担负债,有权与其他单位签订合同;三是会计上独立核算,能够编制资产负债表。法人单位在地统计是指法人单位应按照社会经济活动在中华人民共和国境内所在地原则进行统计。

2. 多种调查方式相结合原则

多种调查方式相结合是指根据调查对象,综合采用年度全面调查、重点调查和抽样调查相结合的方法。

(二)审核条件

企业调查对象需同时填报《企业研究开发活动项目情况》(表107-1,下称项目表)和《企业研究开发活动及相关情况》(表107-2,下称活动表),上报数据需满足联网直报平台设置的强制性审核关系,并对核实性审核关系需进行简要说明。

第二节 创新调查的调查方法

一、创新调查方法制度概述

创新调查方法制度主要包括两个方面:一是企业创新活动统计调查制度,具体包括规模以上企业创新情况调查和企业家问卷调查,以及"四下"企业创新情况调查。调查的主要内容包括企业进行产品创新、工艺(流程)创新、组织创新和营销创新的基本情况,创新活动类型、创新合作、创新阻碍因素、知识产权及相关情况,创新成效、创新政策落实及政策需求、企业创新发展战略及其他相关情况等。二是非企业创新活动部门数据共享制度。主要内容包括科技企业孵化器、生产力促进中心、国家技术转移示范机构以及众创空间等部门管理的技术创新服务机构活动情况。另外,企业(单位)研发活动年度统计调查的部分内容也是企业创新活动统计调查的重要补充。

二、创新调查相关报表制度

从2016年开始,为全面了解我国企业创新活动的开展情况,为各级政府制定相关政策和规划、进行宏观管理与调控提供依据,国家统计局建立了《企业创新活动统计报表制度》。经过近几年的不断调整完善,目前已经形成了较为成熟的企业创新活动统计报表制度体系。

(一)调查方法与调查范围

该制度为年度调查报表。国家统计局组织各省、自治区、直辖市统计局对规模以上工业(包括采矿业,制造业,电力、热力、燃气及水生产和供应业)企业,特、一、二级总承包、专业承包建筑业企业,限额以上批发和零售业企业,规模以上交通运输、仓储和邮政业,信息传输、软件和信息技术服务业,租赁和商务服务业,科学研究和技术服务业,水利、环境和公共设施管理业企业的创新情况表实施全面调查,对企业家问卷实施抽样调查(抽样方案详见附件);对规模以下工业(包括采矿业,制造业,电力、热力、燃气及水生产和供应业)企业,规模以下交通运输、仓储和邮政业,信息传输、软件和信息技术服务业,租赁和商务服务业,科学研究和技术服务业,水利、环境和公共设施管理业企业的创新活动及相关情况实施抽样调查。

(二)调查表式与调查对象

目前《企业创新活动统计报表制度》共有 5 张基层调查表式,调查对象仅限调查范围内的企业法人(见表 5.1)。其中,《企业创新情况表》(L121 表、L123 表、L125 表)分别依托工业、建筑业、批发零售业及服务业现有的"一套表"调查单位名录,目前年度调查单位约 100 万家左右。《企业家问卷》(L122 表)是以上述调查单位名录为抽样框,按照 10% 左右的抽样比例抽取的样本单位,目前年度调查单位约 10 万家左右。《"四下"企业创新情况》(118 表)则是依托工业和服务业现有的"四下"企业季度抽样调查样本单位,目前年度调查单位约 10 万家左右。

表 5.1　《企业创新活动统计报表制度》基层报表目录

表号	表名	报告期别	统计范围	报送单位
L121 表	工业企业创新情况		辖区内规模以上工业（包括采矿业,制造业,电力、热力、燃气及水生产和供应业）企业法人	
L123 表	建筑业企业创新情况		辖区内特、一、二级总承包、专业承包建筑业企业法人	
L125 表	服务业企业创新情况	年报	辖区内限额以上批发和零售业企业法人;规模以上交通运输、仓储和邮政业,信息传输、软件和信息技术服务业,租赁和商务服务业,科学研究和技术服务业,水利、环境和公共设施管理业企业法人	企业法人
L122 表	创新调查企业家问卷		辖区内抽中的规模以上工业（包括采矿业、制造业,电力、热力、燃气及水生产和供应业）,特、一、二级总承包、专业承包建筑业,以及限额以上批发和零售业,规模以上交通运输、仓储和邮政业,信息传输、软件和信息技术服务业,租赁和商务服务业,科学研究和技术服务业,水利、环境和公共设施管理业企业法人	
118 表	"四下"企业创新情况		辖区内抽中的规模以下采矿业,制造业,电力、热力、燃气及水生产和供应业,交通运输、仓储和邮政业,信息传输、软件和信息技术服务业,租赁和商务服务业,科学研究和技术服务业,水利、环境和公共设施管理业企业法人单位	

（三）过录表式

《企业创新活动统计报表制度》中设置有 4 张过录表式,包括《工业企业创新情况过录表》（L3081 表）、《建筑业企业创新情况过录表》（L3082 表）、《服务业企业创新情况过录表》（L3083 表）和规模以下企业创新情况过录表（L3084 表）。过录表的主要功能,一是构建统计指标,将个体企业填报的基层调查表式中的信息转化为相应的统计指标数据,然后进行汇总,形成全国和分地区、分行业的综合数据。如实现创新企业,是摘取基层表中企业填报的是否实现产品创新、工艺（流程）创新、组织创新或营销创新的信息,通过逻辑判断得出指标数据。二是跨表摘取基层数据,如从《企业研发活动统计报表制度》摘取数据,与通过

《企业创新活动统计报表制度》采集的基层数据共同构造反映企业创新活动情况的指标体系。

三、创新调查报表填报要求

企业创新调查的数据填报依托国家统计局工业、建筑业、批发零售业及服务业的调查方法和调查程序进行统计。规模以上、规模以下企业调查采取以联网直报为主的组织方式。要求调查单位按照报表规定的调查内容、上报时间独立自行报送数据。在数据处理软件中各级统计机构在规定的时间内采取分级审核、验收和汇总的方式进行数据处理。

另外,企业创新调查的指标体系以比重为主,每一家企业对于调查结果权重相同,尤其在抽样调查中,有效样本上报率对最终汇总结果将会产生直接影响。因此在报表填报过程中,企业创新调查会对调查对象上报率作出明确工作要求。

第三节　科技创新统计调查的组织实施

一、统计系统科技创新统计机构设置

科技创新统计调查由国家统计局组织协调,采用分工协作、条块结合的方式组织实施。在统计工作实践中,统计系统的科技创新统计机构设置有两个层级。

一是国家统计局负责组织领导和协调全国的科技创新统计工作,社会、科技和文化产业统计司作为国家统计局内设机构,具体负责全国科技创新统计工作的组织实施。主要包括制定《研究与试验发展(R&D)投入统计规范(试行)》,作为指导部门和地方研发投入统计的规范性文件;制定和完善国家科技创新领域统计调查制度,审批部门和地方统计调查制度;组织地方按照职责分工,实施全国范围内的工业、建筑业及相关服务业企业法人及相关单位的科技创新活动情况调查,采

集基层调查单位数据,实施全流程数据质量管控,并对企业数据进行核算与汇总;组织各有关部门按照职责分工开展调查,并按时向国家统计局报送国家统计调查制度所要求的综合资料;综合汇总并发布全社会科技创新活动情况统计数据;对部门和地方进行科技创新统计业务指导与培训。

二是地方各级政府统计机构按照职责分工,具体负责本地区范围内科技创新统计工作。一般在省级政府统计机构中设有专门处室,负责组织实施本地区工业、建筑业及相关服务业企业及相关单位的科技创新活动情况调查,采集基层调查单位数据,承担本地区统计数据质量管控责任。省级统计机构还承担本级科技综合职能,负责综合汇总及发布本地区全社会科技创新活动情况统计数据,并对本级部门统计工作进行业务指导。同时各级政府统计机构还接受本级政府领导,为地方政府宏观决策提供统计服务。省级以下政府统计机构相关部门按照职能分工,具体负责区域范围内的科技创新统计调查数据的采集和审核工作。

二、统计一套表与统计联网直报

2011 年起,国家统计局组织开展企业一套表统计改革,将分散实施的各项企业统计调查整合起来,依据统计法、基于统计学原理为各级统计部门建立一套科学、方便、快捷实施统计调查工作的应用软件系统,实现了统一设计报表、统一调查单位、统一网上采集、统一软件加工,为加快推进统计现代化改革提供有力支撑。

企业统计一套表系统分为数据处理系统和元数据系统。

数据处理系统主要包含统计调查项目建立和任务布置、调查对象管理、企业调查数据采集(调查对象联网数据填报)、调查数据审核、调查数据查询汇总等功能。元数据系统是数据处理系统的基础,是涵盖统计指标、统计分组、填报目录、统计分类标准、统计制度、统计制度方法文件和统计法规性文件等内容的数据库。

企业统计一套表系统的建立实现了统计调查项目任务从国家到企业个体的自上而下,以及企业调查数据从个体到国家的自下而上,为统计部门履行统计监督职能,确保实现企业统计调查的及时性、真实性和准确性。

三、相关部门科技创新统计主要组织实施方式

除政府综合统计部门外,相关部门根据科技创新统计任务分工及行政管理需要制定本部门统计调查制度。部门统计调查制度中科技创新指标设计既要满足科技创新统计本身需要,也要便于调查对象填报,同时尽量避免与现行调查重复。按照有关规定,部门建立统计调查制度需向国家统计局提出审批备案申请,并提供有关申请材料,经审议批准后方可组织开展统计调查。目前,教育部、科学技术部、自然资源部、农业农村部、国家市场监督管理总局、国家知识产权局、中国气象局、中国地震局、中国科协等相关部门均建立了本部门统计调查制度。

以国家知识产权局为例,其统计调查制度主要有《专利调查统计调查制度》《知识产权服务业统计调查制度》《知识产权审查质量满意度调查制度》《知识产权保护满意度统计调查制度》等。其中《专利调查统计调查制度》是为全面深入掌握我国专利创造、运用、保护和管理的发展情况,研究专利制度在提高国家核心竞争力中的基础性作用而建立的调查制度;调查对象为法人单位和个人,具体包括专利申请人、获得专利授权的专利权人、拥有有效专利的专利权人以及与从事专利相关活动的单位或个人;统计范围覆盖全国 31 个省、自治区、直辖市,以及存在专利活动的所有行业;调查频率为年度报表;调查方法是抽样调查和重点调查相结合;组织实施通过地方知识产权管理部门协助完成,调查前组织宣讲培训,由各地方项目承担单位向被调查对象发放问卷,回收问卷,并寄回至国家知识产权局,由国家知识产权局组织统一录入、复核、分析数据;加强质量控制,通过对行政记录数据的多次验证和校核,确保调查名录的准确性,对调查问卷进行严密的逻辑控制,确保问卷调

查的有效性,对调查形成的数据进行抽样电话复核和全面验证校对,确保回收数据的可靠性。

第四节　中国创新指数编制方法

中国创新指数是国家统计局科技创新统计较有影响力的统计产品之一。不同于统计调查工作,中国创新指数属于监测评价工作的范畴。编制中国创新指数,为深入实施创新驱动发展战略、加快推进科技强国提供重要统计支撑,也体现了新发展阶段对我国科技创新发展情况进行监测的内在要求。

一、中国创新指数的基本概念

中国创新指数(China Innovation Index,简称 CII),是由国家统计局社科文司课题组研究编制,旨在反映我国科技创新总体水平和发展状况的综合性指数。国家统计局继 2013 年首次发布该指数以来,按年度发布上一年指数,至 2022 年已连续发布 10 年。为进一步贯彻落实党中央关于创新发展的决策部署,更好适应我国创新发展的新形势新变化,也为了更加有效发挥统计监督职能作用、进一步推进科技创新统计改革,国家统计局对指数编制方法进行了完善,并于 2023 年发布了新测算的指数结果。

二、中国创新指数的编制步骤

中国创新指数的编制分三个步骤。

(一)构建创新评价指标体系

将反映科技创新情况的多项指标组合,形成一个有机整体。按照"保持指标体系框架稳定、优化调整具体评价指标"的基本思路,课题组对中国创新指数原有指标体系进行了优化调整,但基本架构保持不变。一是沿用总指数、分领域指数和评价指标指数的三层架构;二是沿用创新环境、创新投入、创新产出和创新成效 4 个分领域的划分;三是对具体评价指标进行替换、调整和精简,将评价指标数量由 21 个优化为 18 个,但保持每个分领域的评价指标个数大体相当。最终目标是,通过总指数反映我国创新发展总体情况,通过分领域指数反映我国 4 个创新领域的情况,通过具体评价指标反映我国创新各个方面具体发展情况(见表 5.2)。

(二)确定指数测算方法

通过一系列指标赋权、无量纲化、计算合成等加工方法,把指标数据构造成指数。按照"保持指数评价方法不变、重新确定指数评价基期"的基本思路,课题组综合考虑数据可获得性、一致性、连续性、导向性和稳定性,将中国创新指数评价基期从 2005 年调整为 2015 年;而权数确定、加权增速计算、总指数与分领域指数合成等测算方法均保持不变。基本测算步骤为:一是确定指标权重,包括分领域权数和评价指标权数;二是计算指标增速,以基期指标值为基础,计算指标相邻年份增长速度;三是合成分领域指数和总指数,在计算各领域评价指标加权增速的基础上,计算各领域分指数,最后计算总指数。

(三)测算指数实际结果

使用各个指标实际数据进行测算,得到年度总指数和分指数各项数据。实际测算主要有三项工作。一是对评价指标体系中各项指标的原始数据进行采集和整理;二是根据上述测算方法加工计算出指数结果;三是按照数据结果撰写分析监测报告,发布指数结果并进行宣传和解读。

三、中国创新指数数据解析

测算结果显示,2022 年中国创新指数为 155.7(以 2015 年为 100),自 2015 年以来保持稳步增长态势,年均增长 6.5%,比同期 GDP 增速快 0.8 个百分点。分领域看,创新环境指数、创新投入指数、创新产出指数和创新成效指数分别为 160.4、146.7、187.5 和 128.2,2015 年来年均增速分别为 7.0％、5.6％、9.4％和 3.6％。与 2021 年相比,中国创新指数增长 5.9％,4 个分领域指数分别增长 5.7％、7.0％、9.2％和 0.7％。中国创新指数走势表明,我国创新发展水平较快提高,创新环境明显优化,创新投入力度不断加大,创新产出能力显著增强,创新成效进一步显现,推动高质量发展的支撑引领作用持续提升。

近年来,面对复杂严峻的国内外形势,我国坚持创新在现代化建设全局中的核心地位,深入实施创新驱动发展战略,不断完善创新体系建设,创新能力持续较快提升,为经济社会发展注入了强大动力、提供了有力支撑。

四、使用中国创新指数时要注意的问题

中国创新指数是从学术研究角度综合反映我国创新发展水平的有益探索。在使用中国创新指数时,需注意几方面的问题。首先,中国创新指数主要反映科技创新。其次,中国创新指数旨在反映我国创新发展进程,与其他一些旨在对不同国家和地区创新情况进行横向对比的创新指数,如全球创新指数[①]、国家创新指数[②]等相比,在评价目的、评价内容、评价方法和数据支撑上都有所不同,不具有可比性。再次,如果地方根据需要测算本地区的相关指数时,需要考虑数据来源、指标权重等因素差异,不宜简单照搬同一套方法。

[①]　由世界知识产权组织等机构发布。
[②]　由中国科学技术发展战略研究院发布。

表5.2　中国创新指数指标体系框架

分领域	指标名称		计量单位	权数※
创新环境 (1/4)	1.1	每万人就业人员中大专及以上学历人数	人/万人	1/5
	1.2	人均GDP	元/人	1/5
	1.3	理工类毕业生占适龄人口比重	%	1/5
	1.4	科技拨款占财政拨款比重	%	1/5
	1.5	享受加计扣除减免税企业所占比重	%	1/5
创新投入 (1/4)	2.1	每万人R&D人员全时当量	人年/万人	1/4
	2.2	R&D经费占GDP比重	%	1/4
	2.3	基础研究人员人均经费	万元/人年	1/4
	2.4	企业R&D经费占营业收入比重	%	1/4
创新产出 (1/4)	3.1	每万人科技论文数	篇/万人	1/4
	3.2	每万名R&D人员高价值发明专利拥有量	件/万人	1/4
	3.3	拥有注册商标企业所占比重	%	1/4
	3.4	技术市场成交合同平均金额	万元/项	1/4
创新成效 (1/4)	4.1	新产品销售收入占营业收入比重	%	1/5
	4.2	高新技术产品出口额占货物出口额比重	%	1/5
	4.3	专利密集型产业增加值占GDP比重	%	1/5
	4.4	"三新"经济增加值占GDP比重	%	1/5
	4.5	全员劳动生产率	元/人	1/5

※注:各分领域的权数为1/4,某一分领域内指标对所属领域的权数为1/n(n为该领域指标数)

本书附录中收录了完善指数编制方法后的2022年中国创新指数发布稿全文,附指数编制方法说明,以供读者参考。

第六章 科技与创新统计数据质量控制

数据质量是统计工作的"生命线",数据真实准确是统计工作者的首要职责。本章对科技创新统计数据质量控制的基本做法进行简要介绍,主要包括统计数据质量全流程控制体系简介、R&D统计和创新调查数据质量控制的一些做法等。

第一节 统计数据质量全流程控制体系

为进一步加强和改进我国政府统计质量管理工作,不断提高统计能力、统计数据质量和政府统计公信力,国家统计局制定了《国家统计质量保证框架(2021)》,用于指导各领域统计工作开展。科技创新统计严格遵循《国家统计质量保证框架(2021)》,不断提升科技创新统计设计能力,持续推进调查规范化制度化建设,在强化统计业务全流程质量控制方面取得较好成效。

一、确定统计需求

及时了解和掌握统计需求。企业科技统计自上世纪80年代中期建立以来,始终服务于国家科技发展战略,跟踪和对接国际科技统计标准,及时研究和掌握社会各界统计需求变化,深入分析指标数据来源的科学性和可得性,先后经历了从以反映科技活动为主到聚焦研发和创新活动、从专项调查滚动调查到年度常规调查的多个发展阶段,不断自我革新确保各时期科技统计工作沿着正确方向前进。

科学制定统计项目计划。围绕科技创新统计核心需求,科技创新专业依法依规申报企业研发和创新调查统计项目和计划,对新增调查项目的目的、任务、分工、进度要求和保障条件等进行全面评估,夯实立项依据。正式部署实施前开展充分的试点试填,广泛征求调查对象和基层统计机构意见建议,配合统计设计管理部门做好统计项目审批和评估工作,确保科技创新统计项目计划符合需求、切实可行。

开展定期评审与专项评审增强适用性。在实施调查过程中,科技创新专业注重加强与统计用户和调查对象的沟通交流,对调查内容的适用性、指标设置的科学性、数据来源的可及性等问题进行动态跟踪,并据此每年对统计调查制度进行修订。2021 年,企业研发统计项目还接受了第三方机构组织开展的专项评审,评审结果对企业研发统计调查项目及执行情况给予充分肯定,认为调查制度具有较高的科学性、规范性和可操作性,能够及时准确地反映国家和社会需求。

二、设计调查制度

不断扩展统计调查范围。随着创新驱动发展战略深入实施,我国企业创新主体地位不断增强,新产业、新模式、新领域层出不穷。为适应新形势发展需要,近年来企业研发和创新活动的统计调查范围不断扩展,实现了由规模以上到规模以下、由工业企业到建筑业、服务业企业的基本全覆盖。同时,研究将地方三甲医院、科研育种企业等新领域调查对象纳入常规调查范围,依托基本单位名录库、部门行政记录等定期核定调查对象,确保调查对象全面、完整。

规范设定调查内容。通过制、修订企业研发和创新调查统计报表制度,推进调查内容的合理性和规范性。《企业研发活动统计调查制度》和《企业创新活动统计调查制度》明确规定了调查目的、统计范围、调查单位、调查内容、调查频率、调查方法、报送时间等基本要素,严格按照《统计指标命名及解释编写规范》以及国家统计元数据管理规定设定调查指标,其中研发统计指标从投入、产出及环境三方面全方位收集企业研发活动相关信息,创新调查指标以是否实现创新及创新类型为核心,围绕创新全过程各类影响因素等设置提问指标。报表制度所附主要指标解释对标国际标准规范,并结合国内发展实际进一步编制了相应的案例集,将较难理解的研发和创新统计概念用通俗易懂的方式进行解释,方便调查对象理解填报。2018 年,企业研发统计方法制度进行深度改革后,企业填报主要指标可从财务账相关科目直接获取,大幅提升了调查内容及数据来源的准确性和规范性,为提高统计数据质量夯实了制度基础。

综合利用多种调查方法。科技创新专业坚持科学性和可操作性相结合,根据调查对象特点综合选用全面调查、抽样调查和重点调查相结合的调查方法,依托企业一套表制度体系分别对规模以上企业研发和创新活动采取全面调查,对规模以下企业研发和创新活动采取抽样调查,以实现调查质量和成本效益的内在统一。2021 年,根据创新调查企业家问卷特点,将企业家问卷调查从全面调查调整为抽样调查,在不影响数据质量前提下大幅精简工作量,提升工作效率。

使用一体化设计的软件平台。科技创新统计使用国家统一的统计联网直报平台采集数据,实现了调查制度与软件设计、信息化采集紧密结合。相关统计人员与平台程序开发人员保持密切沟通,初步形成了一体化设计的工作模式,确保技术工具完全支撑企业统计报表的制、修订,实现数据采集、审核、加工、处理全过程的统一协调。

三、规范数据采集流程

做优企业基础数据采集工具。组织开发企业研发统计年报电子报表,电子报表表式与统计年报制度保持一致,审核关系与联网直报平台保持一致,辅助企业在线下预填和审核有关指标数据;研究建立并下发企业研发统计电子台账模板,帮助企业健全数据原始凭证和统计台账,严格按照统计制度规范获取基础数据,提高源头数据填报质量。

严谨高效开展数据采集。在联网直报平台明确设置企业填报和各级统计机构数据验收截止时间,开网后实时监测数据上报情况,定期对各地区上报进度进行通报,防止企业扎堆上报。各级统计人员对本级数据进行随报随审,采取有效监管措施坚决防止统计机构代填代报,恪守联网直报"四条红线"。对各地区反映的数据采集过程中遇到的问题进行梳理,并以正式通知形式及时做出解答,及时对公众疑问进行答疑解惑,引导调查对象正确理解和填报统计数据。

做实做细数据审核查询。不断细化机器审核条件设置,分类设定表内审核阈值,合理加大表间审核力度,完善研发指标和其他统计指标间的审核逻辑关系,推进数据审核关口前移。针对指标数据奇异值、项目属性、历史数据对比、关停企业、头部企业等重点方向加强人工审核,规范审核查询反馈说明格式和内容。综合运用科技部、知识产权局等有关部门行政记录开展对比性审核。针对重点指标、重点行业订制固定查询模板,定时监督各地区执行查询模板情况,及时发现问题企业,运用平台标记等技术手段下发查询清单。

推进专项数据核查常态化制度化。科技创新专业强化顶层设计,研究制定了《企业研发和创新调查数据质量核查办法》及核查工作操作指南,推进数据质量核查常态化、制度化。利用数据上报验收窗口期分级实施企业数据质量核查,各省级统计机构根据《核查办法》组织本地区核查工作,上报核查工作台账;国家直接派员赴现场督导省级核查工作或对省级核查结果进行复查,将核查发现的统计违法线索向执法部门移交,为数据质量监控提供有效抓手和重要保障。

四、发布统计数据

依法依规公布统计数据。科技创新专业依据统计法及其实施条例和其他相关规定向社会公布企业科技创新统计数据,并纳入国家统计局信息发布日程。一方面,建立了较为权威的研发数据发布机制。每年与科技部、财政部联合发布《全国科技经费投入统计公报》,公布全国及分地区研发经费投入相关数据,同时发布数据解读文章,主要指标均得到各大主流媒体的采用与转载。按年度编制并发布《中国创新指数》

及解读文稿,监测创新型国家建设进程,引导公众正确认识和理解我国科技创新发展。另一方面,通过编辑出版《中国科技统计年鉴》《企业研发活动统计年鉴》《全国企业创新调查年鉴》《企业创新能力监测统计报告》等系列资料向社会各界提供丰富的统计产品,将企业研发经费等主要指标数据加载进入国家统计局数据发布库,促进科技创新统计数据开放与共享。

加强数据宣传与解读。重要数据发布后,第一时间制作配发媒体图解资料,运用移动端发布、微信推送、可视化产品等新媒体手段,及时向公众宣传解读科技创新统计数据。加强与科技主管部门、科普机构、高校院所等数据使用单位的联系沟通,普及统计知识,搜集意见建议,及时回应用户统计咨询和数据需求。

发挥统计分析服务效能。从科技创新宏观监测、区域发展、关键领域和政策落实等多个视角撰写统计分析报告,围绕改革开放 40 年、新中国成立 70 周年、"十三五"迈向高质量、全面建成小康社会等主题完成系列分析报告,以翔实的数据分析反映科技创新对经济社会发展的重要支撑引领作用,努力发挥发挥统计"数库"和"智库"作用。

第二节　R&D 统计数据质量控制主要做法

数据审核查询是统计数据质量控制的重要环节,是提高 R&D 基层数据质量的主要手段。根据《研究与试验发展(R&D)投入统计规范(试行)》第三章第十五条规定,调查单位 R&D 基层数据由统计、科技、教育等行政主管部门按职责分工;第七章第四十三条规定,在数据审核、汇总环节,各有关部门须建立健全数据审核制度和工作机制,严格执行规定的数据审核规则。

统计部门基层数据审核查询的对象是全国规模以上工业、建筑业和重点服务业企业法人单位。各级统计部门以科学可行、全面负责、及时高效为原则,严格按照开网即查、随报随审、动态监控等方法,强化研发数据质量审核。

一是在线逻辑审核。企业在线上报研发统计数据时,联网直报平台会依据各级统计部门设置的逻辑审核公式,对企业填报数据进行在线随报随审,通过逻辑审核的企业数据才能实现顺利上报。逻辑审核公式的制定是由各级统计部门根据研发调查报表有关指标的内在逻辑和本地区(行业)研发数据的变化特点,制定的一系列表内(间)匹配关系,并将其固化至联网直报平台,形成具体审核关系。

二是人工重点审核。企业上报数据期间,各级统计部门会针对重点指标以及重点企业进行人工审核,通过制定查询模板、平台标记、核实变动原因、排序筛查等方式,要求被审核企业或下级统计部门再次核实,与在线审核实现同步互动。在数据审核期内,各级统计部门还会组织开展企业实地核查。

三是综合比对审核。在对全国及分地区研发数据进行分类汇总的基础上,结合历史数据变动趋势、研发投入和产出成效、地区科技创新政策环境等进行协调性、匹配性分析。国家统计局还通过全国数据交叉联审的方式,进一步提高基层数据质量。

第三节 创新调查数据质量控制主要做法

企业创新调查建立了较为完善的数据质量控制体系。主要包括数据审核、数据评审、数据核查三个方面。

一、数据审核

数据审核要求在企业数据报送期间,各级统计机构针对个体企业填报信息不符合逻辑的情况进行核实。主要包括数据报送平台的预置审核、根据数据变动趋势和经验判断设置的模板审核和人工审核。平台预置审核主要对企业填报信息中存在的逻辑性和常识性错误进行控制,包括强制性审核、核实性审核和提示性审核。模板审核则主要基于与企业研发活动统计报表制度等其他调查任务之间、企业不同报告期填报的信息之间的逻辑和经验关系,以及重点领域、重要类型企业填报信息情况进行审核控制。人工审核则主要在业主要指标数据进行匹配、汇总的基础上,通过相关性分析、趋势分析、经验判断等,对企业数据进行定向审核。此外,国家统计局通过全国数据交叉联审的方式,进一步提高基层数据质量。值得指出的是,对于采用抽样方法的"四下"企业创新调查和企业家问卷而言,有效样本率对最终调查结果将会造成较大影响,因此会与其他统计调查项目建立关联审核,保障有效样本数据的采集。

二、数据评审

数据评审要求从个体企业报送信息的审核,上升到对一定范围内汇总数据的审核。主要包括过程评审和综合评审,具体做法是在企业数据报送中后期和报送截止之后,各级统计机构要对企业报送数据进行阶段性汇总,针对汇总数据协调性和异常波动情况进行分析判断,对于数据变动较大的地区或行业数据及时查询核实。

三、数据核查

按照《企业研发和创新调查数据质量核查工作办法》要求,创新调查专业开展常态化数据质量核查工作,主要包括省级核查与国家核查,组建省级或国家级核查小组,对重点企业或地区填报数据进行现场核实。为减轻基层负担,创新调查数据质量核查工作一般与研发数据质量核查工作合并开展。

第七章 科技与创新统计资料整理与发布

本章主要介绍科技创新统计资料的整理与发布。具体包括数据管理与发布的基本要求、R&D统计主要数据发布机制，以及科技创新统计的主要出版物情况等。

第一节 数据管理与发布的基本要求

统计资料的管理要求。科技创新统计有关部门按照国家相关规定，建立本部门统计资料的保存、管理制度，以及统计信息共享机制。对于统计调查所获得的能够识别或者推断单个调查对象身份的资料，任何单位和个人不得对外提供、泄露，不得用于统计以外的目的。《中华人民共和国统计法》第十一条规定："统计机构和统计人员对在统计工作中知悉的国家秘密、工作秘密、商业秘密、个人隐私和个人信息，应当予以保密，不得泄露或者向他人非法提供。"

定期公布统计资料。科技创新统计调查取得的汇总数据资料，除依法应当保密的外，各有关部门按照国家相关规定及部门职能，应及时向社会发布，并做好相关数据解读工作。各地方部门统计数据经上级主管部门认定后方可发布。

第二节 R&D统计主要数据发布机制

全国R&D统计数据主要通过国家统计局网站、相关统计公报、统计年鉴以及新闻发布会等渠道向社会发布，并通过报纸、新媒体等渠道进行宣传和解读。目前,全国 R&D 年度统计数据发布频率为一年两次,一般于年初发布全国 R&D 统计快报初步数据,8月－9月发布全国R&D 统计年报最终数据。

一、R&D 统计快报初步数据发布

全国 R&D 统计快报初步数据由国家统计局负责数据发布具体工作,该数据根据各有关部门提供的初步测算数据综合汇总而成,数据发布时间一般为年初 1月－2月。发布内容包括 R&D 经费总规模、增速、投入强度及基础研究经费等指标的初步测算数据,数据发布渠道主要为新闻发布会、国家统计局网站以及《国民经济和社会发展统计公报》。

二、R&D 统计年报最终数据发布

国家统计局、科技部、财政部通过《科技经费投入统计公报》联合发布 R&D 统计年报最终数据,该数据由国家统计局根据各有关部门提供的年度统计最终数据综合汇总而成。公报内容主要包括 R&D 经费、增速、投入强度等全国数据和按照 R&D 活动类型、活动主体、行业、地区等分组数据,以及财政科学技术支出相关总量及分组数据等。《全国科技经费投入统计公报》主要通过相关部门官方网站进行发布,并配有数据解读。此外,国家统计局编辑出版的《中国统计年鉴》《中国科技统计年鉴》《中国统计摘要》等出版物中收录了 R&D 经费历史年份主要数据。

第三节 科技创新统计的主要出版物

科技统计的主要出版物包括统计年鉴、统计公报及其他统计资料。其中,统计年鉴的数据资料更为翔实,包括主要指标的分规模、分行业、分登记注册类型、分地区等各种分组数据;统计公报一般侧重数据发布的权威性与时效性;其他统计资料则根据出版需求确定具体发布内容。

一、科技创新专业统计资料

(一)中国科技统计年鉴

《中国科技统计年鉴》由国家统计局社会科技和文化产业统计司和科学技术部战略规划司共同编辑,是全面反映我国科技活动情况的统计资料书。该年鉴系统收录了全国和各省、自治区、直辖市以及国务院有关部门年度科技统计数据。内容主要涉及全社会科技综合活动、企业、研究与开发机构、高等学校、高技术产业、企业创新活动、国家科技计划、科技活动成果、科技服务、国际比较等统计数据,以及主要统计指标解释。

(二)中国高技术产业统计年鉴

《中国高技术产业统计年鉴》由国家统计局社会科技和文化产业统计司编辑,是全面反映我国高技术产业(制造业)发展状况和国际竞争能力的统计资料书。该年鉴根据国家统计局制定的《高技术产业(制造业)分类》,加工整理相关数据,系统收录了高技术产业(制造业)企业的生产经营、研发、新产品开发和销售、专利、技术获取和改造、企业办研发机构情况及相关的国际比较等统计数据,以及主要统计指标解释。

(三)企业研发活动情况统计年鉴

《企业研发活动情况统计年鉴》由国家统计局社会科技和文化产业统计司编辑,是全面反映我国企业研发活动开展情况的统计资料书。该年鉴收录了规模以上全部企业研发活动相关情况,重点收录了工业企业研发活动主要统计数据,具体包括企业研发活动基本情况、R&D人员、R&D经费、企业办研发机构、新产品开发及销售、自主知识产权、企业享受税收优惠政策、技术获取和技术改造等情况的统计数据,以及主要统计指标解释。

(四)全国企业创新调查年鉴

《全国企业创新调查年鉴》由国家统计局社会科技和文化产业统计

司编辑,是全面反映我国企业创新活动年度调查结果的统计资料书。该年鉴系统收录了我国企业创新活动总体情况、规模(限额)以上企业产品和工艺(流程)创新、组织和营销创新、创新费用、创新信息来源及创新合作、创新阻碍因素、知识产权及创新战略目标、企业家对创新的认识、创新政策效果,规模以下企业创新主要情况及相关的国际比较等统计数据,以及主要统计指标解释。

二、综合统计资料中的科技创新统计内容

(一)中国统计年鉴

《中国统计年鉴》是国家统计局编辑的统计资料书,系统收录了全国和各省、自治区、直辖市主要统计数据,内容涉及经济、社会各方面,以及多个重要历史年份和近年全国主要统计数据,是一部全面反映我国经济和社会发展情况的资料性年刊。该年鉴包括人口,国民经济核算,就业和工资,价格,人民生活,财政,资源和环境,能源,固定资产投资,对外经济贸易,农业,工业,建筑业,批发和零售业,运输、邮电和软件业,住宿、餐饮业和旅游,金融业,房地产,科学技术,教育,卫生和社会服务,文化和体育,公共管理、社会保障和社会组织,城市、农村和区域发展等领域主要统计数据。其中,科学技术部分主要内容包括全国及规模以上工业法人单位、政府属研究机构、高等学校的研究与试验发展(R&D)活动情况;规模以上工业法人单位创新活动开展情况;国内外专利申请和授权情况;高技术企业研发活动情况;科技论文收录情况;高新技术产品进出口贸易情况;技术市场交易情况;高新区企业主要经济指标;科协系统科技活动情况;测绘、地震、气象和质量监督等综合技术服务部门业务机构及业务活动等统计数据,以及主要统计指标解释。

(二)国民经济和社会发展统计公报

《国民经济和社会发展统计公报》是国家统计局编辑的综合性统计资料,及时全面综合反映年度国民经济与社会发展总体情况,发布时间为2月底。其中收录数据一般为年度初步测算数据,内容涉及农业、工

业和建筑业、服务业、国内贸易、固定资产投资、对外经济、财政金融、居民收入消费和社会保障、科学技术和教育、文化旅游、卫生健康和体育、资源、环境和应急管理等领域全国总体发展情况。其中,科学技术部分主要包括R&D经费支出及增速、R&D经费与国内生产总值之比、基础研究经费、国家重点实验室数量、国家工程研究中心数量、国家企业技术中心数量、专利授权数、每万人口高价值发明专利拥有量、商标注册数量、技术合同成交额、成功完成宇航发射次数、质检、制定和修订国家标准数量、制造业产品质量合格率等主要数据情况,以及当年重大科技成果。

(三)中国统计摘要

《中国统计摘要》是国家统计局编辑的综合性统计资料,内容主要涉及经济、社会各方面主要统计数据,最近一年数据一般为初步测算数据。其中,科学技术部分主要包括R&D人员、R&D经费、科技成果、国家奖励、科技服务、发明专利等全国总量数据情况。

此外,在《中国第三产业统计年鉴》、国家统计数据库(https://data.stats.gov.cn/)等资料中也收录有科技创新统计相关内容。

第八章　科技与创新统计常用专业知识

本章节主要介绍科技创新统计中一些常用的专业知识。对于 R&D 统计,主要介绍混淆 R&D 经费和企业研究开发费用的关系,不了解统计、科技与财税部门政策目标的异同,不清楚 R&D 指标的变化规律与特点等常见误区;对于创新调查,主要介绍从调查工作实践中总结出的几个常见问题。

第一节　R&D 统计中的几个常见误区

一、R&D 经费与企业研究开发费用的基本关系

R&D 统计中常见的第一个误区:混淆了 R&D 经费和企业研究开发费用的关系。

在介绍 R&D 统计主要指标时,本书在第四章第一节就 R&D 经费和企业研究开发费用指标进行了初步介绍。在企业 R&D 统计实践中,将两者混淆的情况时有发生,有必要进一步强调。

首先须明确,在企业 R&D 统计中,R&D 经费和企业研究开发费用并不是一回事,这是两个不同的指标。就在统计制度中的位置而言,R&D 经费是按规范的统计口径核算完毕的指标,出现在综合汇总数据中;企业研究开发费用是基层报表填报指标,出现在企业研究开发活动及相关情况表基层数据中。企业等调查对象在进行报表数据填报时,应按《企业(单位)研发活动统计报表制度》中的要求规范填报研究开发费用等指标数据,不能仅参考《规范》中对 R&D 经费指标的规定。

　　其次,"研究开发费用"是计算 R&D 经费"日常性支出"的重要基础资料。根据《规范》,R&D 经费内部支出＝R&D 日常性支出＋R&D 资产性支出。"研究开发费用"除去委外费用、折旧与摊销费用、科技成果应用和服务等非 R&D 费用之后的支出,是计算"日常性支出"的基础;"资产性支出"则由资产类科目计算而来,与"研究开发费用"无关。此关系如下图所示。左边深色的圆代表 R&D 经费,右边浅色的圆代表研究开发费用。

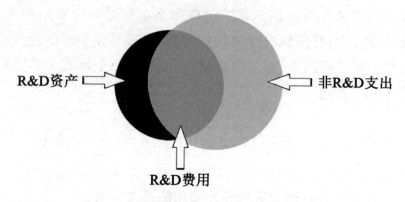

图 8.1　R&D 经费与研究开发费用关系示意图

　　因此,不能将企业研究开发费用之和等同于企业的 R&D 经费。

二、统计、科技与财税部门政策目标的异同

　　R&D 统计中常见的第二个误区:过于关注单个企业的 R&D 经费数据。

　　除统计部门外,科技、财政、税务等部门也针对研发有各自的政策文件规定。相关部门对于研发的基本概念并无实质区别,均基于统计规范《弗拉斯卡蒂手册》。但由于各部门的职责、工作目标、管理需求各不相同,所遵循的国际规范也不同,其数据口径与工作原则在具体操作层面有一定差异。

　　从职责定位和工作目标看,统计工作作为国家宏观管理的重要基础性工作,主要为满足宏观管理和国际比较需求,以反映全国研发投入

总量、分布和发展水平为主,企业微观数据仅作为核算 R&D 数据的基础资料;单个企业的 R&D 经费主要是为宏观层面的汇总服务的。而科技、财税等政策制定部门主要满足行业管理和微观主体政策引导需求,以规范政策执行标准、划定政策范围、避免征管漏洞、引导市场主体加大投入等为主,企业微观数据是落实相关政策的重要依据。

从适用规范看,统计部门整个数据生产过程遵循《R&D 投入统计规范》和报表制度,科技和财税部门则遵循研发加计扣除减免税政策申报政策、高新技术企业认定办法、企业会计准则等等,其具体规定也有所不同。

关于他们之间的区别,可以看几个具体例子:

1. 对于委托外单位开展研发的费用,财税上规定就企业而言"谁出资谁统计",企业委外费用计入研发费用,税收政策中在委托方加计扣除;统计上为避免宏观层面重复计算,规定"谁使用谁统计",只在内部支出方统计,企业委外费用不计入 R&D。

2. 对研发用固定资产,财税上适用权责发生制,要计算折旧费用;统计上适用收付实现制,规定一次性计入。

3. 对于适用行业范围,财税上实行负向清单制,规定烟草制造业、住宿餐饮业、批发零售业、房地产业、租赁和商务服务业、娱乐业等 6 个行业不适用加计扣除减免税政策;统计上调查研发活动相对密集的行业,《规范》中规定的 14 个行业门类都在调查范围内。

4. 对于研发费用中的"其他费用"科目,相关部门政策规定不能超过可加计扣除研发费用总额的一定比例(10% 或 20%,各部门之间也不同);统计上按实际发生全部计入。

因此,对于统计数据而言,类似于在 GDP 核算中不必过于关注微观层面单个企业的增加值一样,在 R&D 统计中也不必过于关注微观层面单个企业的 R&D 经费。

三、R&D 投入指标的几个特点

R&D 统计中常见的第三个误区:不了解 R&D 指标的变化规律与

特点。

R&D活动有其自身的特点和规律,与经济活动有所不同。这些特点和规律在一些指标上表现尤为突出,如R&D经费投入强度、基础研究经费支出等。

(一)R&D经费投入强度的几个特点

经济活动离不开人的衣食住行,对政策刺激反应较为灵敏,遇到负面影响时GDP等主要经济指标的变化也会较快显现出来。而R&D活动除本身计划性较强、周期较长外,还需要有专业人才保障以及吸引人才的整个创新环境的支撑,更体现长期的积累和变化,非一朝一夕之功。缺乏整体体系的配套,单纯的资金投入往往会演变为其他的科技投入或创新投入,难以切实花在R&D活动上,也无法统计为R&D经费。这会带来以下几个规律性经验:

首先,R&D活动具有高度集中的特点。由于R&D活动与要素禀赋高度相关,而整体创新资源和环境的塑造是一个长期过程,按我国目前发展阶段,创新资源主要仍集中在中心城市等条件更齐备的地区;相对落后地区缺少大学和科研机构,吸引人才能力相对较弱,使R&D活动发生在本地的可能性相对较小。

第二,R&D经费投入强度的地区分布具有明显的头部效应。由于R&D活动的高度集中性,其分布是不均衡的,从全国来看,呈现出少数地区R&D经费投入强度较高、而大部分地区达不到全国平均值的特点。举例来说,2022年的统计数据显示,R&D经费投入强度达到或超过全国平均水平的省、自治区和直辖市有北京、上海、天津、广东、江苏、浙江、安徽7个地区,在统计范围内的其他24个地区达不到或远低于全国平均水平。

第三,R&D经费投入强度还存在一个值得注意的规律:在遇到对经济有严重负面影响的因素时,该指标反而会出现超出常规的提升。以新冠疫情期间的R&D经费投入强度为例,由于我国2020年、2022年疫情对经济的影响相对明显,在这两年我国R&D经费投入强度出现大幅提升,提升幅度明显超出常规年份;从国际上看,美国、欧洲各国在疫情影响较大的 2020 年 R&D 经费投入强度提升幅度都非常大,均明显超出常规年份;而且由于这些国家疫情应对不如我国,其经济遇到的负面影响比我国更严重,他们的 R&D 经费投入强度骤升幅度比我国更大。因此,这一规律是全世界适用的,无论纵向比较还是横向比较都是如此。为什么会出现这种现象呢? 这是因为,R&D 经费投入强度的分子是科技指标,分母是经济指标,在受到像疫情这种超预期不利因素影响时,经济指标反应更灵敏,而 R&D 投入或者集中在抗压能力相对较强的头部企业,或者来自具有一定惯性的国家财政投入,虽然也受到影响,但反应相对没有那么灵敏;分母受到的影响较大、下降更多,分子受到的影响较小、下降更少,计算结果自然就是比值会上升了。同时这又是一个例子,说明统计指标不是万能的,需要具体问题具体分析,辩证地来看待。

第四,R&D 经费投入强度不能无限提升。作为强度指标,提升必然有天花板,理论上任何强度指标都不能突破 100%,实际上不同的强度指标都会有自身的提高上限。对于 R&D 经费投入强度而言,目前全世界国家整体最高水平是以色列的 5%－6% 之间,我国国内最高水平是北京的 6%－7% 之间,就现阶段来说这一水平基本就是一国或一地区可以达到的最高水平。从纵向发展规律看,在一国或一地区发展到一定阶段后,这一指标常会有一段时间出现一定程度缓慢增长甚至停滞,如北京在达到 6% 左右时,以色列、韩国达到 4% 左右时,美国达到 2.8% 左右时,甚至一些拉美国家达到 1%－2% 时,均出现了长达数年的波动。因此,这一指标短期内未连续提升也是正常现象,随着创新环境的不断改善与投入力度的持续增加,增长空间得到逐步释放,仍有可能继续提升。

(二)基础研究投入的几个特点

基础研究虽然是 R&D 的一部分,但其投入特点与 R&D 活动整体情况并不完全相同。从投入主体看,R&D 经费的投入主体是企业,我国各类企业占全社会 R&D 经费投入总量的 75%－80% 之间；而基础研究经费的投入主体是高校和科研院所，特别是高校，我国高校基础研究投入占基础研究经费投入总量的接近 50%，企业只占不到 10% 的比重。这主要是因为，基础研究作为理论研究处于研发链条最前端，离科技转化、产品市场较远，不直接产生经济效益，与企业作为市场竞争主体的属性存在天然冲突，因此各个国家将财政投入作为基础研究的主要经费来源。

此外，我国基础研究投入的一个重要特点是在 R&D 经费中占比相对较低。目前我国基础研究投入总量已稳居世界第二，占 R&D 经费比重保持 6.5% 以上，虽较以前有了明显提高，但与世界科技强国相比仍有较为明显的差距。在主要发达国家中，美国、英国这一比重常年在 15% 以上，德国、法国在 20% 以上，日本、韩国也在 10% 以上。

我们如何看待基础研究特别是企业基础研究投入相对较少这一问题呢？随着近年来我国越来越重视基础研究，一系列相应的鼓励扶持政策出台落地，企业对基础研究的重视程度不断增强，特别是一些发展较快、走在国际竞争前列的行业领军企业已逐渐步入"无人区"，开展基础研究成为其现实选择与战略必然。然而，虽然企业基础研究投入在不断增加，其占比相对偏低仍是当前乃至今后较长一段时期的大趋势。从统计角度，要注意以下几个因素。

首先，从发展阶段看，我国走到无人区的领军企业还比较少，有基础研究现实需求的企业还不够多，基础研究占比相对偏低客观存在。

第二，从统计原则中的投入主体看，企业从事基础研究活动时有相当一部分是与高校、科研院所合作，以委托开展的形式进行的。统计上为避免宏观层面重复计算，通行的规则是"谁使用谁统计"，基础研究经费也不例外，只在内部支出方统计，企业委外费用不计入企业经费。因此，只有在企业内部发生的基础研究活动才会计入企业基础研究支出，虽由企业提供资金但没有发生在企业的基础研究活动须在被委托方统计，企业基础研究统计数据不能完全反映企业在基础研究投入中的贡献。

第三,横向比较时,由于国情不同,一些西方国家涉及国计民生的科研项目常由私人企业承担,这些企业实际上可能承担了在我国通常由科研院所承担的任务,这部分基础研究活动在我国可能已统计在科研院所等公共部门的投入中了。

第四,从统计调查设计角度,部分国家在进行基础研究调查时严重依赖于企业自身对定义的理解,是否能够严格遵守弗拉斯卡蒂手册,很大程度上囿于企业人员的水平及理解能力。

第二节　创新调查中的几个常用知识

以下是企业创新调查工作实践中总结出的几个常见问题。

一、企业创新情况的判断应从企业总体出发

有多种营业活动的企业应根据全部营业活动的情况填报,创新及相关情况并不局限在企业主营活动上。相应地,对各种创新及相关情况的判断,都是从整个企业而言出发的,只要企业的众多产品或活动中有一项符合,即可判断为"是",而不需考虑其他不符合要求的情况。

二、成功推向市场是产品创新实现的必要条件

推向市场可能有多种方式,例如根据订单或母公司的要求设计制造产品,并不意味着一定要在自由竞争市场上出现。推向市场也不要求一定要形成交易,即使销售失败也可算作成功推向市场,因此对工业企业,可以有产品创新但无新产品销售收入。作为技术储备未推向市场的新产品原型可算作创新活动,但在推向市场之前暂不能算作实现了产品创新。

三、新产品在创新调查与研发统计报表制度中的区别

一般可认为,企业创新调查与研发统计报表中的新产品概念是一

致的。除非存在下列较为极端的情况：

在研发统计报表中对新产品的涵义要求具有一定技术含量。创新调查中对此并无明确要求,如新建企业的几乎所有产品(除直接转销等定义明确规定之外)都可定义为新产品(产品创新),从这个角度看创新调查的新产品范围更广。

从另一个角度看,研发统计报表中对于企业推出新产品有"经政府有关部门认定并在有效期内的新产品"这样的说法,如政府为一种新产品(如新药)颁布了四年新产品有效期,四年里它都是新产品,但创新调查要求只有在报告期(当年)内才应统计。也可能会出现在 2022 年研制的新产品,到 2023 年才实现新产品销售收入。从这个角度看,有时研发统计报表的新产品范围更广。

四、新颖度类别的判断主要依据产品自身出现的范围

新颖度问题并不只针对某一种产品,而是本企业各种产品的总体情况。新颖度与产品或工艺的技术水平高低没有必然关系,例如,如果某种产品对于本企业而言已经不是全新或有重大改进的了,即使它拥有全球领先的技术水准,也不能认定为企业新,更不可能是国际市场新。新颖度与产品的实际销售市场也没有必然关系,例如,某种产品只在国内市场上销售,但在国外市场上没有类似产品出现过,同样可以认定为国际市场新。不同新颖度类别产品所占的份额是反映创新产出的重要问题,因此虽有一定填报难度,仍有必要继续保留。

五、对于服务业企业,将产品创新分为服务和产品的做法主要是为了照顾国人的语言习惯

从规范做法来讲,产品应分为货物与服务,年报调查问卷(L125表)中第 02 题所称"产品"实际上指的应该是货物。货物通常是有形的,但像软件这样的虚拟商品无论是以存储介质为载体还是以数据流下载的形式出现也都属于货物;服务通常是无形的。区分货物与服务的一个比较直观的办法是看该产品能否被销毁掉。能够被销毁的是货物,比如软件可以被删除;不能被销毁的是服务,比如金融理财服务、教育培训课程、酒店服务员提供的服务等,一旦提供给消费者,就无法再被销毁掉。

六、非技术创新的认定必须坚持"首次使用"

组织创新和营销创新等非技术创新的概念中强调"首次使用"这一概念,在调查中如发现有企业连续多年有同一类型非技术创新的"首次使用",应进行重点查询,确定其正确理解了相关概念内涵。

七、企业创新调查遵循统计上的法人在地原则

集团内的母公司和子公司以及视同法人的企业尤其应注意,调查的填报内容仅限于本企业法人的情况。例如,某项创新是由具有法人资格的集团子公司实现的,则该项创新的有关情况应由子公司填报,母公司不应重复填报相应内容。

第九章　练习题

第一节　R&D统计练习题

一、R&D及相关活动类型的判断

(一)判断题

1. 在软件研发领域,开发新的操作系统或语言属于R&D活动。( )

2. 在软件研发领域,在原有搜索引擎的基础上实现新的搜索引擎技术属于R&D活动。( )

3. 在软件研发领域,重新设计系统或网络,以解决软硬件内部基于过程的冲突属于R&D活动。( )

4. 在软件研发领域,基于新技术创建新算法属于R&D活动。( )

5. 在软件研发领域,创造原始的加密安全技术属于R&D活动。( )

6. 在软件研发领域,使用已知方法和现有软件工具开发业务应用软件属于R&D活动。( )

7. 在软件研发领域,向现有的应用软件添加用户功能(包括基本功能)属于R&D活动。( )

8. 在软件研发领域,使用现有工具创建网站属于R&D活动。( )

9. 在软件研发领域,采用标准方法进行加密、安全验证和完整性测试属于 R&D 活动。(　)

10. 在软件研发领域,为特定用途定制产品,在此过程中使能显著改进基本程序的知识得到了增加,属于 R&D 活动。(　)

11. 在软件研发领域,对现有系统和程序做常规调试,属于 R&D 活动。(　)

12. 专利是 R&D 活动的重要成果形式,因此向知识产权主管部门申请专利的过程属于 R&D 活动。(　)

(二)选择题

1. 在材料科学领域,碳纤维结构变化与特性的关系研究属于(　),以纳米级精度处理碳纤维以达到工业应用目标的方法研究属于(　),获得新型复合材料并进行测试属于(　)。

A. 基础研究　　　B. 应用研究　　C. 试验发展

D. R&D 成果应用　　E. 科技服务　　F. 以上均不是

2. 在电子科学领域,研究一定区域内量子效应发生过程属于(　),在此基础上为改进无机和有机发光二极管的效率进行的研究属于(　),开发可应用于设备上的高级二极管属于(　)。

A. 基础研究　　　B. 应用研究　　C. 试验发展

D. R&D 成果应用　　E. 科技服务　　F. 以上均不是

3. 在计算机科学领域,研究处理大量实时数据的通用算法属于(　),通过了解垃圾邮件的结构模型研究减少垃圾邮件的技术方法属于(　),初创公司开发在线营销产品由专业人员开发的代码属于(　)。

A. 基础研究　　　B. 应用研究　　C. 试验发展

D. R&D 成果应用　　E. 科技服务　　F. 以上均不是

4. 在经济学领域,经济增长的决定因素等新经济发展理论的研究属于(　),特定区域的经济发展政策研究属于(　),基于统计模型的政策工具开发属于(　)。

A. 基础研究　　　　B. 应用研究　　　C. 试验发展

D. R&D 成果应用　　　E. 科技服务　　　F. 以上均不是

5. 在采矿业,一家企业针对煤巷支护技术发展过程中出现的高强度锚杆、高强度锚索以及特种锚固剂等新型支护材料,研究探索其对本地矿区工程地质条件的适用性,并制定细致可靠的支护技术方案,属于(　　)。

　　A. 基础研究　　　　　B. 应用研究　　　C. 试验发展

　　D. R&D 成果应用　　　E. 科技服务　　　F. 以上均不是

6. 在食品制造业,一家企业以无机陶瓷膜错流分离技术的特点和罐底油的特性为出发点,把无机陶瓷膜错流过滤技术在罐底油上的应用为实验重点,研究罐底油通过无机陶瓷膜错流过滤技术,在过程中通量衰减情况、过滤前后指标变化情况以及排渣时机的确定等内容,并根据实验结果将无机陶瓷膜过滤技术在调味品行业进行推广,属于(　　)。

　　A. 基础研究　　　　　B. 应用研究　　　C. 试验发展

　　D. R&D 成果应用　　　E. 科技服务　　　F. 以上均不是

7. 在汽车制造业,一家企业在借鉴汽车传动技术和多缸机的动力输出结构基础上,对单缸机动车传动系统进行改进,将一种新型单缸直联轴传动机构运用到机动车生产中,使柴油机到后桥之间的传动系统形成柔性连接,减少整车振动,属于(　　)。

　　A. 基础研究　　　　　B. 应用研究　　　C. 试验发展

　　D. R&D 成果应用　　　E. 科技服务　　　F. 以上均不是

8. 在家用电器制造行业,一家企业以企业自主开发的液晶电视接收机为基础,购置国内外先进的生产设备和检测仪器,改造现有生产线,解决关键网络技术、设计技术和生产技术,形成一套行之有效的工艺技术路线,开发符合最新国际标准的高清数字液晶电视接收机,属于(　　)。

　　A. 基础研究　　　　　B. 应用研究　　　C. 试验发展

　　D. R&D 成果应用　　　E. 科技服务　　　F. 以上均不是

参考答案：

(一)判断题

1. √　2. √　3. √　4. √　5. √　6. ×

7. ×　8. ×　9. ×　10. √　11. ×　12. ×

(二)选择题

1. A,B,C　2. A,B,C　3. A,B,C　4. A,B,C

5. D　　6. D　　7. D　　8. D

二、R&D 统计报表填报中的一些情况处理

(一)判断题

R&D 经费相关

1. 调查单位的 R&D 经费就是 R&D 经费内部支出。(　)

2. 调查单位的 R&D 经费等于 R&D 经费内部支出与 R&D 经费外部支出之和。(　)

3. 调查单位的 R&D 经费等于 R&D 经费内部支出与 R&D 经费外部支出之差。(　)

4. 某一地区(行业)调查单位的 R&D 经费汇总数等于调查单位的研究开发费用之和。(　)

5. 某一地区(行业)调查单位的 R&D 经费汇总数等于调查单位的 R&D 经费内部支出之和。(　)

6. 某一地区(行业)调查单位的 R&D 经费汇总数等于调查单位的 R&D 经费内部支出之和减去 R&D 经费外部支出之和。(　)

7. 使用 R&D 经费内部支出之和作为某一地区(行业)调查单位 R&D 经费汇总数的原因是避免重复计算。(　)

8. 调查单位为实施 R&D 活动所购置的仪器设备应算作 R&D 经费的一部分。(　)

9. 调查单位实施 R&D 活动和生产活动时共用的仪器设备应按使

用时间进行分摊。（　）

10. 调查单位实施 R&D 活动和生产活动时共用的仪器设备应按使用面积进行分摊。（　）

11. 调查单位实施 R&D 活动和生产活动时共用的建筑和场地应按使用时间进行分摊。（　）

12. 调查单位实施 R&D 活动和生产活动时共用的建筑和场地应按使用面积进行分摊。（　）

13. 调查单位的 R&D 经费内部支出中的日常性支出主要包括支付给 R&D 人员的劳务费和原材料投入等其他日常性支出。（　）

14. 调查单位的 R&D 经费主要包括支付给 R&D 人员的劳务费和原材料投入等其他日常性支出。（　）

15. 调查单位 R&D 经费中的人员劳务费主要是支付给 R&D 人员的直接工资报酬,不含五险一金等福利待遇。（　）

16. 调查单位 R&D 经费中的人员劳务费主要是支付给 R&D 人员的直接工资报酬,包含五险一金等福利待遇。（　）

17. 调查单位统计 R&D 活动相关的固定资产时需要统计已有资产的当期折旧。（　）

18. 调查单位统计 R&D 活动相关的固定资产时不需要统计已有资产的当期折旧。（　）

19. 调查单位统计 R&D 活动相关的固定资产时需要统计与 R&D 活动相关的全部固定资产,不论是否是当年形成的做到不重不漏。（　）

20. 调查单位统计 R&D 活动相关的固定资产时仅统计当年形成的与 R&D 活动相关的全部固定资产,做到不重不漏。（　）

21. 调查单位接受其他企事业单位委托开展 R&D 活动而获得的资金不属于企业资金。（　）

22. 调查单位从金融机构贷款获得的开展 R&D 活动而获得的资金不属于企业资金。（　）

23. 调查单位以货币或实物形式提供给 R&D 人员的劳动报酬都算作其劳务费。（　）

24. 调查单位以实物形式提供给 R&D 人员的劳动报酬不能算作其劳务费。（　）

25. 企业填报研究开发费用包括人员人工费用、直接投入费用、折旧费用与长期待摊费用、无形资产摊销费用、设计费用、装备调试费用与试验费用、委托外部研究开发费用及其他费用这 8 项。（　）

26. 调查单位填报研究开发费用时需要根据经费来源渠道、经费预算属期等进行分劈。（　）

27. 调查单位填报研究开发费用时不需要根据经费来源渠道、经费预算属期等进行分劈。（　）

R&D 人员相关

1. R&D 人员是指报告期开展 R&D 活动的单位中从事基础研究、应用研究和试验发展活动的人员。（　）

2. R&D 人员包括：直接参加 R&D 活动的人员；与 R&D 活动相关的管理人员和直接服务人员。（　）

3. 直接为 R&D 活动提供资料文献、材料供应、设备维护等服务的人员属于 R&D 人员。（　）

4. 直接为 R&D 活动提供餐饮、安保服务的人员属于 R&D 人员。（　）

5. 全时人员是指报告期从事 R&D 活动的实际工作时间占制度工作时间 90% 及以上的人员。（　）

6. 全时人员是指报告期全部实际工作时间都必须用来从事 R&D 活动的人员。（　）

企业 R&D 调查相关

1. 制造业、软件和信息技术服务业、商务服务业企业可以填报研发活动统计报表。（　）

2. 房地产业企业可以填报研发活动统计报表。（　）

3.2023 年 2 月初,一家制造业企业经统计局普查中心重新核准,修正为交通运输业企业后,可以填报 2023 年研发活动统计报表。( )

4.2022 年 12 月初,一家批零业企业经统计局普查中心重新核准,修正为交通运输业企业后,可以填报 2023 年研发活动统计报表。( )

5.2023 年 2 月初,一家批零业企业经统计局普查中心重新核准,修正为交通运输业企业后,可以填报 2023 年研发活动统计报表。( )

6. 研发活动统计调查的统计部门审核期内,企业可以随时自行修改数据。( )

7. 研发活动统计调查的企业填报期内,企业可以随时修改数据。( )

8. 研发活动统计调查的统计部门审核期内,企业可以联系统计部门提出修改需求,经统计部门认可后修改数据。( )

9. 企业填报研发活动统计报表时,强制性审核错误可以忽视。( )

10. 企业填报研发活动统计报表时,强制性审核错误必须修正。( )

11. 企业填报研发活动统计报表时,核实性审核错误可以忽视。( )

12. 企业填报研发活动统计报表时,核实性审核错误需认真填报解释说明。( )

13. 企业可以委托统计部门在联网直报平台代填研发活动统计报表。( )

14. 企业不得委托统计部门在联网直报平台代填研发活动统计报表。( )

15. 企业填报数据有误,各级统计部门可以代为修改。( )

16. 企业填报数据有误,各级统计部门须联系企业修改。( )

17. 为做好对企科技服务,各级统计部门可以将企业研发报表基层数据作为依据提供给相关政府部门。( )

18. 为做好对企科技服务,在不违反保密规定的前提下,各级统计部门可以将企业研发报表汇总数据作为依据提供给相关政府部门。( )

19. 企业填报研发活动统计报表的依据是企业设置的有关研究开发会计科目,或向税务部门申报研发费用加计扣除减免政策的辅助账。( )

20. 高新技术企业填报研发活动统计报表可以使用申请高新技术企业的相关资料作为填报依据。( )

21. 未单独设置研究开发会计科目的企业可以使用企业单设的辅助账对研发投入进行归集,并据此填报研发活动统计报表。( )

22. 为准确反映本企业研发投入水平,在填报研发活动统计报表时需要包含下属产业活动单位的数据。( )

23. 为准确反映本企业研发投入水平,在填报研发活动统计报表时不能包含下属产业活动单位的数据。( )

24. 为准确反映本企业研发投入水平,在填报研发活动统计报表时需要包含下属法人单位的数据。( )

25. 为准确反映本企业研发投入水平,在填报研发活动统计报表时不能包含下属法人单位的数据。( )

26. 企业的部分下属法人单位不是规模以上法人单位,所以为准确反映本企业研发投入水平,在填报研发活动统计报表时需要包含这些下属法人单位的数据。( )

27. 为准确反映本企业研发投入水平,在填报研发活动统计报表时需要将近几年的研发投入全部填报。( )

28. 为准确反映本企业研发投入水平,在填报研发活动统计报表时只能填报当年的研发投入。( )

R&D 综合统计相关

1. 条块结合原则是指全国 R&D 统计由统计、科技、教育等行政主管部门分职责组织实施,再由各级政府统一汇总。( )

2. 条块结合原则是指全国 R&D 统计由统计、科技、教育等行政主管部门分职责组织实施,再由各级科技部门统一汇总。( )

3. 条块结合原则是指全国 R&D 统计由统计、科技、教育等行政主

管部门分职责组织实施,再由各级统计部门统一汇总。(　　)

4. 统计、科技、教育等行政主管部门在实施 R&D 统计调查时,必须遵守经统计部门批准实施的统计调查制度。(　　)

5. 统计、科技、教育等行政主管部门在实施 R&D 统计调查时,可以在统计制度基础上根据科技创新发展特点灵活调整调查报表和调查指标。(　　)

6. 统计、科技、教育等行政主管部门的 R&D 统计调查制度报国家统计局后无需等待审批即可组织实施。(　　)

7. 统计、科技、教育等行政主管部门的 R&D 统计调查制度报国家统计局审批后即可组织实施。(　　)

8. 按照条块结合原则,国家统计局不负责管理和协调各部门的 R&D 统计工作。(　　)

9. 按照条块结合原则,国家统计局负责管理和协调各部门的 R&D 统计工作。(　　)

10. 按照条块结合原则,国家统计局仅负责协调各部门的 R&D 统计工作。(　　)

(二)选择题

单选题

1. 计算某一地区(行业)调查单位的 R&D 经费的方法是(　　)

A. R&D 经费内部支出之和　　B. R&D 经费外部支出之和

C. R&D 经费内部支出和外部支出之和　　D. R&D 经费内部支出和外部支出之差

2. 2023 年某企业有 4 位员工从事 R&D 活动,这 4 位员工从事 R&D 活动所用工时分别为 8、9、10、11 个月,请问该单位有几名全时 R&D 人员?(按他们全年工时 12 个月计算)(　　)

A. 1　B. 2　C. 3　D. 4

多选题

1. 企业 R&D 统计的调查对象包括以下哪些行业?(　　)

A. 制造业　　B. 信息传输、软件和信息技术服务业

C. 卫生业　　D. 娱乐业

2. 企业 R&D 统计的调查对象包括以下哪些行业？（　）

A. 建筑业　　B. 批发业　　C. 交通运输业　　D. 租赁业

参考答案：

（一）判断题

R&D 经费相关

1. ×　2. √　3. ×　4. ×　5. √

6. ×　7. √　8. √　9. √　10. ×

11. ×　12. √　13. √　14. ×　15. ×

16. √　17. ×　18. √　19. ×　20. √

21. ×　22. ×　23. √　24. ×　25. √

26. ×　27. √

R&D 人员相关

1. √　2. √　3. √　4. ×　5. √　6. ×

企业 R&D 调查相关

1. √　2. ×　3. √　4. √　5. ×

6. ×　7. √　8. √　9. ×　10. √

11. ×　12. √　13. ×　14. √　15. ×

16. √　17. ×　18. √　19. √　20. ×

21. ×　22. √　23. ×　24. ×　25. √

26. ×　27. ×　28. √

R&D 综合统计相关

1. ×　2. ×　3. √　4. √　5. ×

6. ×　7. √　8. ×　9. √　10. ×

（二）选择题

单选题

1. A　2. A

多选题

1. ABCD   2. ACD

第二节 企业创新调查练习题

一、创新类型的判断①

请判断以下活动分别属于哪种类别:

A. 产品创新   B. 工艺(流程)创新   C. 组织创新

D. 营销创新   E. 非创新

1. 某建筑企业停止老人院建设工程。

2. 开发与推出一种全新的品牌符号。

3. 与研究机构建立一种新型的合作关系。

4. 首次推出最佳实践范例数据库。

5. 企业首次推出加强员工决策自主权和鼓励员工多出主意的管理模式。

6. 首次使用某种显著不同的媒介——在电视节目中植入广告。

7. 旅行社采用一种新的网络预订系统。

8. 在产品开发中采用计算机辅助设计。

9. 采用新的 ICT 技术以提高辅助保障活动的功效。

10. 采用一种供应商一体化的新方法。

11. 改善网上银行服务,如明显提高使用速度与方便程度。

12. 首次推出特许经营系统。

13. 首次推出按需求定制的生产系统(销售与生产相结合)。

14. 首次推出条形码物流追踪系统。

15. 新推出的一种洗涤剂使用了某种之前仅用于涂料生产的化学成分。

---

① 本节内容参考了《2014 年全国企业创新调查培训手册》与《企业创新案例集》。

16. 首次推出一种允许消费者通过网站定制个性化产品并查看价格的新方法。

17. 推出一款没有特征改进的新款应季夹克。

18. 推出车内 GPS 导航系统。

19. 推出运输服务 GPS 追踪装置。

20. 为迎合新的消费群体推出某种食用产品的新口味。

21. 购买与已安装仪器完全相同的设备。

22. 首次结合了带有微型硬驱技术的现有软件标准的便携式 MP3 播放器。

23. 某款个人电脑因芯片价格下跌而降价销售。

24. 某沐浴露产品为打造全新外形和迎合新市场而使用了全新瓶身设计。

25. 在服装生产上使用透气面料。

26. 母矿采选技术应用。公司今年自主引进了选矿设备,根据母矿中不同矿物的物理、化学性质,把矿石破碎磨细以后,将有用矿物与脉石矿物分开,并使各种共生(伴生)的有用矿物尽可能相互分离,除去或降低杂质,使得母矿矿物含量更高,价格更高。

27. "M 驿站"的首次运营。"M 驿站"作为某快递公司终端战略的重要组成部分首次投入使用,为快递末端最后一公里派送难题提供整体解决方案,为社区居民提供快递收寄服务的开放平台,为城市物流提供更加畅通,更加高效,更低成本的服务。

28. 首次利用某第三方服务平台办理业务。某货运销售企业通过利用该第三方平台在互联网上提供的面向中小企业的一站式外贸综合服务,有效解决了寻找合适的客户资源、降低运营成本等诸多问题。

参考答案:

1. 某建筑企业停止老人院建设工程。

判断结果:E. 非创新。

判断理由:停止做某事并不是创新,即使它提升了企业绩效。例如,电视机制造商停止制造和销售某种电视与 DVD 一体机不是创新。与此相似,停止使用某种营销或管理方法也不是创新。

2. 开发与推出一种全新的品牌符号。

判断结果:D. 营销创新。

判断理由:品牌是产品推广方面新营销方法的一个范例。开发与推出一种全新的品牌符号不同于品牌标志外观上的常规升级,它是为了给产品在新市场寻求定位或树立一个新形象。例如,利用会员卡推出个性化服务以满足不同客户的需求同样是营销创新。

3. 与研究机构建立一种新型的合作关系。

判断结果:C. 组织创新。

判断理由:在企业外部关系管理中推出与其他企业或公共机构关系的新方法,例如与研究机构或客户建立一种新型的合作,整合供应商的新方法,在生产、采购、分配、招聘、附属服务等商业活动上第一次使用外包方式。

4. 首次推出最佳实践范例数据库。

判断结果:C. 组织创新。

判断理由:经营模式类的组织创新是工作流程中一种新的组织管理方法的采用。包括某种新方法的采用可以提高知识和技术在企业内的共享,例如,首次推出最佳实践范例的数据库,可以更容易让他人获取这些知识技术。

5. 企业首次推出加强员工决策自主权和鼓励员工多出主意的管理模式。

判断结果:C. 组织创新。

判断理由:首次推出一种加强员工决策自主权和鼓励员工提出想法的管理模式是组织结构类的组织创新的一个例子。这可以让员工获得更多责任感,从而对团队管理和企业控制力产生积极作用。

6. 首次使用某种显著不同的媒介——在电视节目中植入广告。

判断结果:D. 营销创新。

判断理由:产品推广方面的营销方法包括产品升级时对新概念的使用。例如,首次使用一种完全不同的媒介或技术,像把产品植入电影或电视节目中,或请名人代言,这都属于营销创新。

7. 旅行社采用一种新的网络预订系统。

判断结果:B. 工艺(流程)创新。

判断理由:工艺(流程)创新包括服务业中新的或显著改进的方法和创意。他们可与企业软硬件的显著变化或服务的流程与技术有关。如运输服务推出 GPS 追踪装置,旅行社采用新版预订系统,咨询公司开发新技术以管理项目等。

8. 在产品开发中采用计算机辅助设计。

判断结果:B. 工艺(流程)创新。

判断理由:生产方法与生产产品的技术、设备、软件等有关。比如在生产线上采用一种新的自动化设备,或是在产品开发中采用计算机辅助设计。

9. 采用新的 ICT 技术以提高辅助保障活动的功效。

判断结果:B. 工艺(流程)创新。

判断理由:工艺(流程)创新同样包括在辅助保障活动(如采购、财务核算、技术维护)里采用新的或显著提高的技术、设备与软件。如果采用新的 ICT 技术是用来提高辅助保障活动的功效,那就属于此类。

10. 采用一种供应商一体化的新方法。

判断结果:C. 组织创新。

判断理由:同第 3 题。

11. 改善网上银行服务,如明显提高使用速度与方便程度。

判断结果:A. 产品创新。

判断理由:服务类的产品创新可包括对其供应效果与速度的显著改进、增加新功能、全新服务的推出等。

12. 首次推出特许经营系统。

判断结果:D. 营销创新。

判断理由:产品销售渠道类的营销创新的例子包括特许经营系统、直销或独家销售、产品许可等营销方式的首次推出,也可与产品介绍的新概念有关。

13. 首次推出按需求定制的生产系统(销售与生产相结合)。

判断结果:C. 组织创新。

判断理由:组织创新也可能与集中决策有关。组织结构类的组织创新的一个例子是按需求定制的生产系统(销售与生产相结合)的首次推出或将工程与开发和生产相结合。

14. 首次推出条形码物流追踪系统。

判断结果:B. 工艺(流程)创新。

判断理由:交付方法涉及企业物流并包含设备、软件和技术的引入与企业内分配、最终产品交付等。我们将交付方法的创新划归在辅助性活动当中。新的交付方法的一个例子是条形码或射频识别技术物流追踪系统的推出。

15. 新推出的一种洗涤剂使用了某种之前仅用于涂料生产的化学成分。

判断结果:A. 产品创新。

判断理由:一种产品在技术特性上仅有微小改变,但开发出了一种新用途,这属于产品创新。

16. 首次推出一种允许消费者通过网站定制个性化产品并查看价格的新方法.

判断结果:D. 营销创新。

判断理由:价格上的创新与使用新的定价策略营销产品有关。例子包括首次使用一种新方法根据需求来为产品定价(如需求低时价格也低),或推出一种新方法允许消费者通过网站定制个性化产品并查看价格。但如果新定价方法的唯一目的是根据不同客户群划分价格,则不能算创新。

116

17. 推出一款没有特征改进的新款应季夹克。

判断结果：E. 非创新。

判断理由：某些行业如制衣制鞋业的产品有季节性变化，并可能伴随外观上的改变。这类设计上的常规变化通常既不是产品创新也不是营销创新。例如，服装制造商推出一款新的应季防寒服不是产品创新，除非这种防寒服加了一层有显著改进特征的衬里或有类似改进。但如果这种变化是某种新的营销手段的一部分并作出了产品设计上的根本性改变，就可以认为是营销创新。

18. 推出车内 GPS 导航系统。

判断结果：A. 产品创新。

判断理由：对现有产品的显著提高可以发生在原料、组件及其他特性上。ABS 制动系统、GPS 导航系统或其他汽车配备的系统的推出或改进是产品创新。

19. 推出运输服务 GPS 追踪装置。

判断结果：B. 工艺（流程）创新。

判断理由：同第 7 题。

20. 为迎合新的消费群体推出某种食用产品的新口味。

判断结果：D. 营销创新。

判断理由：产品设计上的创新也可包括在形状、外观、食品或饮料的口味等方面做出显著改进。

21. 购买与已安装仪器完全相同的设备。

判断结果：E. 非创新。

判断理由：购买与已安装仪器完全相同的物件，或对已有设备或软件的微小改进都不是工艺（流程）创新。这种创新必须既要首次出现又要与特定的显著改进有关。

22. 首次结合了带有微型硬驱技术的现有软件标准的便携式 MP3 播放器。

判断结果：A. 产品创新。

判断理由:新的产品要与企业先前产品的特征或用途有显著不同。最早的微处理器与数码相机就是使用了新技术的新产品的范例。最早的便携式 MP3 播放器结合了带有微型硬驱技术的现有软件标准,属于合并了现有技术的新产品。

23. 某款个人电脑因芯片价格下跌而降价销售。

判断结果:E. 非创新。

判断理由:产品价格仅仅由于生产要素价格的变化而产生变化不是创新。例如,同样的个人电脑降价销售仅因为芯片价格下跌就不是创新。

24. 某沐浴露产品为打造全新外形和迎合新市场而使用了全新瓶身设计。

判断结果:D. 营销创新。

判断理由:包装上的营销创新的一个例子是某沐浴露产品进行全新的瓶身设计,以打造全新外形并迎合新市场。

25. 在服装生产上使用透气面料。

判断结果:A. 产品创新。

判断理由:在服装上使用透气面料是一个关于使用新材料改进产品性能的产品创新的例子。

26. 母矿采选技术应用。

判断结果:B. 工艺(流程)创新。

判断理由:把销售杂质高的母矿石变为销售杂质低质量好的母矿石从而提高售价并不是营销策略的改进,而是工艺改进的结果。

27. "M 驿站"的首次运营。

判断结果:A. 产品创新。

判断理由:明显改进的是服务本身,技术方法是否改进不明确。

28. 首次利用某第三方服务平台办理业务。

判断结果:D. 营销创新。

判断理由:该企业是货运销售企业,不是电商和软件公司,平台并不是他的产品,它只是使用这个平台。

二、创新指标的计算

1. 在对某国制造业的 200 个企业进行创新调查时,得到以下结果:在 150 个小型企业中有 52％的企业有创新,在 30 个中型企业中有 60％的企业有创新,在 20 个大型企业中有 90％的企业有创新。请在下表中计算该国制造业企业中创新企业的百分比。

企业规模	企业总数 (个)	创新企业百分比 (％)	计算过程	创新企业数 (个)
小型				
中型				
大型				
总计				

2. 在对某个国家的 200 个企业进行创新调查时得到了如下结果:

A. 在过去三年中,有 20 个企业没有实现创新,并且没有试图开展任何有关创新的尝试。

B. 有 10 个企业没有实现创新,但处在实现某项营销创新的过程中。

C. 有 12 个企业没有实现创新,但处在实现某项工艺创新的过程中。

D. 有 8 个企业没有实现创新,且中止了某项组织创新的实现。

E. 有 7 个企业没有实现创新,且中止了某项工艺创新的实现。

F. 有 32 个企业只实现了产品创新。

G. 有 33 个企业只实现了工艺创新。

H. 有 8 个企业只实现了营销创新。

I. 有 12 个企业只实现了组织创新。

J. 有 15 个企业实现了产品创新和工艺创新。

K. 有 19 个企业实现了产品创新、工艺创新和组织创新。

L. 有 7 个企业实现了工艺创新和组织创新。

M. 有 2 个企业实现了组织创新,并且处在实现工艺创新的过程中。

N. 有 1 个企业实现了组织创新,并且处在实现营销创新的过程中。

O. 有 5 个企业实现了营销创新和组织创新。

P. 有 9 个企业实现了产品创新和营销创新。

请据此在下表中适当的单元格内填写数字,并计算:

(1)产品创新企业的百分比;

(2)工艺创新企业的百分比;

(3)产品或工艺创新企业的百分比;

(4)产品或工艺创新活动企业的百分比;

(5)营销创新企业的百分比;

(6)组织创新企业的百分比。

	企　　业	产品创新	工艺创新	产品或工艺创新	正在进行或中止的产品或工艺创新	产品或工艺创新活动	营销创新	组织创新	以上都不是
A	有 20 个企业没有实现创新,并且没有试图开展任何有关创新的尝试								
B	有 10 个企业没有实现创新,但处在实现某项营销创新的过程中								
C	有 12 个企业没有实现创新,但处在实现某项工艺创新的过程中								
D	有 8 个企业没有实现创新,且中止了某项组织创新的实现								
E	有 7 个企业没有实现创新,且中止了某项工艺创新的实现								
F	有 32 个企业只实现了产品创新								
G	有 33 个企业只实现了工艺创新								
H	有 8 个企业只实现了营销创新								
I	有 12 个企业只实现了组织创新								
J	有 15 个企业实现了产品创新和工艺创新								
K	有 19 个企业实现了产品创新、工艺创新和组织创新								
L	有 7 个企业实现了工艺创新和组织创新								
M	有 2 个企业实现了组织创新,并且处在实现工艺创新的过程中								
N	有 1 个企业实现了组织创新,并且处在实现营销创新的过程中								
O	有 5 个企业实现了营销创新和组织创新								
P	有 9 个企业实现了产品创新和营销创新								
合计									
企业总数									
百分比									
对应问题		(1)	(2)	(3)		(4)	(5)	(6)	

参考答案：

1. 填表结果如下：

企业规模	企业总数（个）	创新企业百分比（％）	计算过程	创新企业数（个）
小型	150	52％	150 * 52％	78
中型	30	60％	30 * 60％	18
大型	20	90％	20 * 90％	18
总计	200	57％	114/200 * 100％	114

因此创新企业的百分比为57％。

2. 填表结果如下：

	企　　业	产品创新	工艺创新	产品或工艺创新	正在进行或中止的产品或工艺创新	产品或工艺创新活动	营销创新	组织创新	以上都不是
A	有20个企业没有实现创新，并且没有试图开展任何有关创新的尝试								20
B	有10个企业没有实现创新，但处在实现某项营销创新的过程中								10
C	有12个企业没有实现创新，但处在实现某项工艺创新的过程中				12	12			
D	有8个企业没有实现创新，且中止了某项组织创新的实现								8
E	有7个企业没有实现创新，且中止了某项工艺创新的实现				7	7			
F	有32个企业只实现了产品创新	32		32		32			
G	有33个企业只实现了工艺创新		33	33		33			
H	有8个企业只实现了营销创新						8		
I	有12个企业只实现了组织创新							12	
J	有15个企业实现了产品创新和工艺创新	15	15	15		15			
K	有19个企业实现了产品创新、工艺创新和组织创新	19	19	19		19		19	
L	有7个企业实现了工艺创新和组织创新		7	7		7		7	

续表

企　　业		产品创新	工艺创新	产品或工艺创新	正在进行或中止的产品或工艺创新	产品或工艺创新活动	营销创新	组织创新	以上都不是
M	有2个企业实现了组织创新,并且处在实现工艺创新的过程中				2	2		2	
N	有1个企业实现了组织创新,并且处在实现营销创新的过程中							1	
O	有5个企业实现了营销创新和组织创新						5	5	
P	有9个企业实现了产品创新和营销创新	9		9		9	9		
合计		75	74	115	21	136	22	46	38
企业总数		200	200	200	200	200	200	200	200
百分比		37.5%	37.0%	57.5%	10.5%	68.0%	11.0%	23.0%	19.0%
对应问题		(1)	(2)	(3)		(4)	(5)	(6)	

因此,计算结果为:

(1)产品创新企业的百分比为 37.5%;

(2)工艺创新企业的百分比为 37%;

(3)产品或工艺创新企业的百分比为 57.5%;

(4)产品或工艺创新活动企业的百分比为 68%;

(5)营销创新企业的百分比为 11%;

(6)组织创新企业的百分比为 23%。

附录　部分相关文献

附录 1
研究与试验发展(R&D)投入统计规范(试行)

第一章　总则

第一条　为规范研究与试验发展(以下简称 R&D)投入统计数据的生产与使用,准确反映我国 R&D 的投入水平,进一步提升相关统计数据质量,根据《中华人民共和国统计法》《中华人民共和国统计法实施条例》《部门统计调查项目管理办法》等有关规定(以下简称"国家有关规定"),制定本统计规范。

第二条　R&D 投入统计的基本任务,是通过统计调查收集全社会范围内从事 R&D 活动的人员和经费等方面的数据,以反映全社会 R&D 投入的资源总量及其分布情况。

第三条　R&D 投入统计范围为 R&D 活动相对密集的行业,包括:农、林、牧、渔业,采矿业,制造业,电力、热力、燃气及水生产和供应业,建筑业,交通运输、仓储和邮政业,信息传输、软件和信息技术服务业,金融业,租赁和商务服务业,科学研究和技术服务业,水利、环境和公共设施管理业,教育,卫生和社会工作,文化、体育和娱乐业等行业门类。

第四条　R&D 投入统计调查分别由统计、科技、教育等行政主管部门负责组织实施,统计部门负责报表制度的统一管理、全国和各地区数据的综合汇总及对外发布。

第五条 本规范的基本定义及原则,参照经济合作与发展组织(OECD)《弗拉斯卡蒂手册》(Frascati Manual)的相关标准,并结合我国R&D统计的实际情况,所包含的R&D投入指标可以进行国际比较。

第六条 R&D投入统计是政府统计的组成部分。本规范有关R&D投入统计的相关概念、定义、原则和方法,与我国国民经济核算和相关政府统计制度保持衔接,对有关部门R&D投入统计具有指导作用。

第二章 R&D活动的统计界定

第七条 研究与试验发展的英文全称为"Research and Experimental Development",英文缩写为"R&D",中文简称为"研发"。

第八条 R&D指为增加知识存量(也包括有关人类、文化和社会的知识)以及设计已有知识的新应用而进行的创造性、系统性工作,包括基础研究、应用研究和试验发展三种类型。基础研究和应用研究统称为科学研究。R&D活动应当满足五个条件:新颖性、创造性、不确定性、系统性、可转移性(可复制性)。

第九条 基础研究是一种不预设任何特定应用或使用目的的实验性或理论性工作,其主要目的是为获得(已发生)现象和可观察事实的基本原理、规律和新知识。基础研究的成果通常表现为提出一般原理、理论或规律,并以论文、著作、研究报告等形式为主。基础研究包括纯基础研究和定向基础研究。

纯基础研究是不追求经济或社会效益,也不谋求成果应用,只是为增加新知识而开展的基础研究。

定向基础研究是为当前已知的或未来可预料问题的识别和解决而提供某方面基础知识的基础研究。

第十条 应用研究是为获取新知识,达到某一特定的实际目的或目标而开展的初始性研究。应用研究是为了确定基础研究成果的可能用途,或确定实现特定和预定目标的新方法。其研究成果以论文、著

124

作、研究报告、原理性模型或发明专利等形式为主。

第十一条　试验发展是利用从科学研究、实际经验中获取的知识和研究过程中产生的其他知识，开发新的产品、工艺或改进现有产品、工艺而进行的系统性研究。其研究成果以专利、专有技术，以及具有新颖性的产品原型、原始样机及装置等形式为主。

第十二条　R&D项目（或课题）是进行R&D活动的基本组织形式，通常由R&D活动执行单位依据项目立项书或合同书等形式明确项目任务、目标、人员和经费等。

第十三条　R&D活动的统计特征包括投入和产出两个维度。R&D投入是指为进行R&D活动所投入的人力和经费。R&D产出包括的范围比较宽泛，表现为R&D活动所带来的新知识、新应用以及所引起的社会经济效应。本规范仅对R&D投入统计进行规定。

第三章　R&D投入统计的基本原则

第十四条　法人单位在地统计原则。法人单位指同时具备下列条件的单位：一是依法成立，有自己的名称、组织机构和场所，能够独立承担民事责任；二是独立拥有和使用（或受权使用）资产，承担负债，有权与其他单位签定合同；三是会计上独立核算，能够编制资产负债表。法人单位应按照社会经济活动在中华人民共和国境内所在地原则进行统计。

第十五条　条块结合原则。R&D投入统计由统计、科技、教育等行政主管部门按照职责分工，采取分级负责的方式分别组织实施，各级统计部门负责辖区内R&D投入情况的综合汇总。

第十六条　依托科技统计原则。R&D活动是科技活动的核心部分，科技、教育部门的R&D投入统计依托科技投入统计并在各有关部门科技统计框架内进行。科技活动内容见附件1。

第十七条　多种调查方式相结合原则。R&D投入统计以提供年度数据为主，调查方式以年度重点调查和全面调查为主。

第四章　R&D 投入统计的基本指标

第十八条　R&D 投入统计包括人员统计和经费统计两部分,具体体现为 R&D 人员和 R&D 经费支出。

第十九条　R&D 人员是指报告期 R&D 活动单位中从事基础研究、应用研究和试验发展活动的人员。包括:(1)直接参加上述三类 R&D 活动的人员;(2)与上述三类 R&D 活动相关的管理人员和直接服务人员,即直接为 R&D 活动提供资料文献、材料供应、设备维护等服务的人员。不包括为 R&D 活动提供间接服务的人员,如餐饮服务、安保人员等。

第二十条　R&D 人员按工作性质划分为研究人员、技术人员和辅助人员。研究人员是指从事新知识、新产品、新工艺、新方法、新系统的构想或创造的专业人员及 R&D 项目(课题)主要负责人员和 R&D 机构的高级管理人员。研究人员一般应具备中级及以上职称或博士学历。从事 R&D 活动的博士研究生应被视作研究人员。技术人员是指在研究人员指导下从事 R&D 活动的技术工作人员。辅助人员是指参加 R&D 活动或直接协助 R&D 活动的技工、文秘和办事人员等。

第二十一条　R&D 人员按自身性质进行分类统计。按性别划分为男性和女性;按职称划分为正高级、副高级、中级、初级及其他人员;按学历(学位)划分为博士毕业、硕士毕业、大学本科及其他人员。

第二十二条　R&D 人员统计包括 R&D 人员数和 R&D 人员折合全时当量两个具体指标。R&D 人员折合全时当量是指报告期 R&D 人员按实际从事 R&D 活动时间计算的工作量,以"人年"为计量单位。

第二十三条　R&D 人员按工作时间划分为全时人员和非全时人员。全时人员是指报告期从事 R&D 活动的实际工作时间占制度工作时间 90% 及以上的人员,其全时当量计为 1 人年;非全时人员是指报告期从事 R&D 活动的实际工作时间占制度工作时间 10%(含)－90%(不含)的人员,其全时当量按工作时间比例计为 0.1－0.9 人年;从事 R&D 活动的实际工作时间占制度工作时间不足 10% 的人员,不计入

R&D 人员,也不计算全时当量。

第二十四条 R&D 经费支出是指报告期为实施 R&D 活动而实际发生的全部经费支出。不论经费来源渠道、经费预算所属时期、项目实施周期,也不论经费支出是否构成对应当期收益的成本,只要报告期发生的经费支出均应统计。其中,与 R&D 活动相关的固定资产,仅统计当期为固定资产建造和购置花费的实际支出,不统计已有固定资产在当期的折旧。R&D 经费支出以当年价格进行统计。

第二十五条 R&D 经费支出按经费使用主体分为内部支出和外部支出。内部支出是指报告期调查单位内部为实施 R&D 活动而实际发生的全部经费,外部支出是指报告期调查单位委托其他单位或与其他单位合作开展 R&D 活动而转拨给其他单位的全部经费。为避免重复计算,全社会 R&D 经费为调查单位 R&D 经费内部支出的合计。

第二十六条 R&D 经费内部支出按支出性质分为日常性支出和资产性支出。

第二十七条 日常性支出又称经常性支出,是指报告期调查单位为实施 R&D 活动发生的、可在当期直接作为费用计入成本的支出,包括人员劳务费和其他日常性支出。

人员劳务费是指报告期调查单位为实施 R&D 活动以货币或实物形式直接或间接支付给 R&D 人员的劳动报酬及各种费用,包括工资、奖金以及所有相关费用和福利。非全时人员劳务费应按其从事 R&D 活动实际工作时间进行折算。

其他日常性支出是指报告期调查单位为实施 R&D 活动而购置的原材料、燃料、动力、工器具等低值易耗品,以及各种相关直接或间接的管理和服务等支出。为 R&D 活动提供间接服务的人员费用包括在内。

第二十八条 资产性支出又称投资性支出,是指报告期调查单位为实施 R&D 活动而进行固定资产建造、购置、改扩建以及大修理等的支出,包括土地与建筑物支出、仪器与设备支出、资本化的计算机软件支出、专利和专有技术支出等。对于 R&D 活动与非 R&D 活动(生产活动、教学活动等)共用的建筑物、仪器与设备等,应按使用面积、时间等进行合理分摊。

土地与建筑物支出是指报告期调查单位为实施 R&D 活动而购置土地(例如测试场地、实验室和中试工厂用地)、建造或购买建筑物而发生的支出,包括大规模扩建、改建和大修理发生的支出。

仪器与设备支出是指报告期调查单位为实施 R&D 活动而购置的、达到固定资产标准的仪器和设备的支出,包括嵌入软件的支出。

资本化的计算机软件支出是指报告期调查单位为实施 R&D 活动而购置的使用时间超过一年的计算机软件支出。

专利和专有技术支出是指报告期调查单位为实施 R&D 活动而购置专利和专有技术的支出。

第二十九条 R&D 经费内部支出按资金来源划分为政府资金、企业资金、境外资金和其他资金。

政府资金是指 R&D 经费内部支出中来自于各级政府财政的各类资金,包括财政科学技术支出和财政其他功能支出的资金用于 R&D 活动的实际支出。

企业资金是指 R&D 经费内部支出中来自于企业的各类资金。对企业而言,企业资金指企业自有资金、接受其他企业委托开展 R&D 活动而获得的资金,以及从金融机构贷款获得的开展 R&D 活动的资金;对科研院所、高校等事业单位而言,企业资金是指因接受从企业委托开展 R&D 活动而获得的各类资金。

境外资金是指 R&D 经费内部支出中来自境外(包括香港、澳门、台湾地区)的企业、研究机构、大学、国际组织、民间组织、金融机构及外国政府的资金。

其他资金是指 R&D 经费内部支出中从上述渠道以外获得的用于 R&D 活动的资金,包括来自民间非营利机构的资助和个人捐赠等。

第三十条 R&D 投入指标的统计方式有两种:(1)由统计调查单位直接填报;(2)基于科技投入统计指标,按 R&D 活动占科技活动的比例进行推算。

第五章 R&D 投入统计的主要分类

第三十一条 R&D 投入统计分类包括:(1)基于 R&D 活动单位的分类;(2)基于 R&D 活动的分类。

第三十二条 基于 R&D 活动单位的分类包括:(1)按执行部门分类;(2)按行政区划分类;(3)按国民经济行业分类;(4)按隶属关系分类。具体分类目录见附件 2。

第三十三条 基于 R&D 活动的分类包括:(1)按 R&D 活动类型分类;(2)按社会经济目标分类;(3)按学科分类。分类目录见附件 2。

第六章 R&D 投入统计的职责分工

第三十四条 R&D 投入统计工作由国家统计局、科学技术部、教育部、国家国防科技工业局等部门分工负责组织实施。

第三十五条 各部门具体分工如下:

科学技术部负责组织实施非国防科技工业系统政府属独立法人科学研究与技术开发机构、科技信息与文献机构等单位及科学研究和技术服务业其他非企业法人单位的 R&D 活动情况调查。

教育部负责组织实施全日制普通高等学校及附属医院的 R&D 活动情况调查。

国家国防科技工业局负责组织实施国防科技工业系统的科学研究与技术开发机构及科技信息与文献机构的 R&D 活动情况调查。

国家统计局负责组织实施农、林、牧、渔业,采矿业,制造业,电力、热力、燃气及水生产和供应业,建筑业,交通运输、仓储和邮政业,信息传输、软件和信息技术服务业,金融业,租赁和商务服务业,水利、环境和公共设施管理业,卫生和社会工作,文化、体育和娱乐业等行业门类企事业法人单位及科学研究和技术服务业企业法人单位的 R&D 活动情况调查。

第三十六条　国家统计局作为政府综合统计部门,负责管理和协调各有关部门的 R&D 投入统计工作,组织各有关部门研究相关方法制度,制订《科技综合统计报表制度》和相关调查方案,综合汇总并发布全社会 R&D 投入统计数据。

第三十七条　各有关部门根据《科技综合统计报表制度》和相关调查方案要求,制定本部门制度,经报国家统计局审批后方可组织实施。

第三十八条　各有关部门须在规定日期内按《科技综合统计报表制度》要求向国家统计局报送有关数据。

第七章　R&D 投入统计的工作流程与数据质量控制

第三十九条　R&D 投入统计的工作流程包括统计设计、业务培训、数据采集、数据审核汇总、数据质量评估及数据发布等环节。数据质量控制工作贯穿于统计工作流程的各个环节。

第四十条　在统计设计环节,国家统计局根据本规范要求进行 R&D 投入统计工作的顶层设计,包括调查内容、调查对象、调查组织分工、数据采集方法、数据审核规则和报送方式、统计汇总或整理方案、相关信息系统和应用软件等。各有关部门根据本规范以及国家统计局印发的《科技综合统计报表制度》和相关调查方案,对本部门统计工作内容和实务做进一步设计。

第四十一条　在业务培训环节,国家统计局、科学技术部、教育部、国家国防科技工业局等部门按照本部门统计工作内容和实务要求,组织对系统相关业务人员开展逐级业务培训。

第四十二条　在数据采集环节,国家统计局、科学技术部、教育部、国家国防科技工业局等部门按照职责分工,进行相关任务部署,负责本系统职责分工内 R&D 投入数据的采集工作。

第四十三条　在数据审核、汇总环节,各级有关部门负责本级 R&D 活动统计资料的审核与汇总工作,并按有关规定上报。各级统计部门负责综合汇总本级辖区内 R&D 投入统计数据,国家统计局负责汇总全社会 R&D 投入统计数据。各有关部门须建立健全数据审核制度和工作机制,严格执行规定的数据审核规则。各级有关部门不得修改调查单位填报的原始数据。

第四十四条　在数据质量评估环节,国家统计局负责制订全社会 R&D 投入统计数据质量评估办法,并组织相关部门实施;各有关部门结合本部门情况,制定具体实施办法。

第四十五条　在数据发布环节,各有关部门按本规范规定的职责分工及国家有关规定对评估认定后的数据进行发布。

第八章　数据管理及发布

第四十六条　各有关部门和各省、自治区、直辖市统计局按照国家有关规定建立统计资料的保存、管理制度,建立健全统计信息共享机制。

第四十七条　对 R&D 投入统计调查所获得的能够识别或者推断单个调查对象身份的资料,任何单位和个人不得对外提供、泄露,不得用于统计以外的目的。

第四十八条　全社会 R&D 投入统计数据由国家统计局负责发布,各有关部门的统计数据按照国家有关规定发布。各地方部门统计数据经上级主管部门认定后方可发布。

第四十九条　R&D 投入统计调查取得的汇总数据资料,除依法应当保密的外,各有关部门按本规范及国家有关规定按时向社会发布,并做好数据解读工作。

第九章　附则

第五十条　本规范自 2019 年起执行,原《科技投入统计规程(试行)》即废止使用。

第五十一条　本规范由国家统计局负责解释。

附件:1. 与 R&D 活动有关的概念及关系
　　　2. R&D 投入统计相关分类目录

附件 1

与 R&D 活动有关的概念及关系

一、科学技术活动的基本概念

科学技术活动简称科技活动,是指所有与各科学技术领域(即自然科学、农业科学、医药科学、工程技术、人文与社会科学)中科技知识的产生、发展、传播和应用密切相关的系统的活动。

二、科技活动的分类

联合国教科文组织在 1978 年《关于科学技术统计国际标准化的建议》中将科学技术活动划分为三类:研究与试验发展(R&D)、科技教育与培训(STET)和科技服务(STS)。OECD 的《弗拉斯卡蒂手册》沿袭了这种分类。其中,科技教育与培训是指与大学专科、本科及以上(硕士生、博士生)教育培训,以及针对在职研究人员的教育与培训有关的所有活动。科技服务(STS)是指与 R&D 活动相关并有助于科学技术知识的产生、传播和应用的活动。

我国科技统计将统计范围内的科技活动分为三类:研究与试验发展(R&D)、R&D 成果应用和科技服务。其中 R&D 成果应用是指为使试验发展阶段产生的新产品、材料和装置,建立的新工艺系统和服务,以及作实质性改进后的上述各项能够投入生产或在实际中运用,解决所存在的技术问题而进行的系统活动。科技服务的具体活动内容包括:科技成果的示范推广工作;信息和文献服务;技术咨询工作;自然、生物现象的日常观测、监测、资源的考察和勘探;有关社会、人文、经济现象的通用资料的收集、分析与整理;科学普及;为社会和公众提供的测试、标准化、计量、质量控制和专利服务等。

三、R&D 活动与科技活动的关系

R&D 活动是科技活动的核心组成部分。与其他科技活动相比，R&D 活动的最显著特征是创造性，体现新知识的产生、积累和应用，常常会导致新的发现发明或新产品（技术）等，R&D 活动预定目标能否实现往往存在不确定性。其他科技活动都是围绕 R&D 活动发生的，要么是为 R&D 成果向生产和市场转化而提供支持（R&D 成果应用），要么是为 R&D 活动及知识传播提供全方位的配套支持服务（科技服务）。这些活动与 R&D 活动的根本区别在于，它只涉及技术的一般性应用，本身不具有创造性。

附件 2

R&D 投入统计相关分类目录

一、执行部门分类目录

代码	执行部门
1	企业
2	政府属研究机构
3	高等学校
4	其他

二、行政区划分类目录

R&D 活动单位的所在区域划分按国家标准《中华人民共和国行政区域代码》(GB/T 2260)划分到省。具体代码如下:

代码	地区	代码	地区	代码	地区
11	北京	34	安徽	51	四川
12	天津	35	福建	52	贵州
13	河北	36	江西	53	云南
14	山西	37	山东	54	西藏
15	内蒙古	41	河南	61	陕西
21	辽宁	42	湖北	62	甘肃
22	吉林	43	湖南	63	青海
23	黑龙江	44	广东	64	宁夏
31	上海	45	广西	65	新疆
32	江苏	46	海南		
33	浙江	50	重庆		

三、国民经济行业分类目录

R&D活动按实施单位或资助单位的行业所属进行划分,具体行业按《国民经济行业分类与代码》(GB/T 4754)分到大类。(略)

四、隶属关系分类目录

单位隶属关系代码遵循国家标准(GB/T 12404—1997)。

代码	隶属关系名称
10	中央
20	地方

五、R&D活动类型分类目录

代码	R&D活动类型名称
1	基础研究
2	应用研究
3	试验发展

六、社会经济目标分类目录

R&D投入统计中涉及对R&D活动的社会经济目标分类遵循国家标准社会经济目标及代码(GB/T24450)。(略)

七、学科分类目录

学科领域的一级学科分类按国家标准《学科分类与代码》(GB/T 13745—2009)执行。

代码	学科名称	代码	学科名称
110	数学	535	产品应用相关工程与技术
120	信息科学与系统科学	540	纺织科学技术
140	物理学	550	食品科学技术
150	化学	560	土木建筑工程
160	天文学	570	水利工程
170	地球科学	580	交通运输工程
180	生物学	590	航空、航天科学技术
190	心理学	610	环境科学技术及资源科学技术
210	农学	620	安全科学技术
220	林学	630	管理学
230	畜牧、兽医科学	710	马克思主义
310	基础医学	720	哲学
320	临床医学	730	宗教学
330	预防医学与公共卫生学	740	语言学
340	军事医学与特种医学	750	文学
360	中医学与中药学	760	艺术学
410	工程与技术科学基础学科	770	历史学
413	信息与系统科学相关工程与技术	780	考古学
416	自然科学相关工程与技术	790	经济学
420	测绘科学技术	810	政治学
430	材料科学	820	法学
440	矿山工程技术	830	军事学
450	冶金工程技术	840	社会学
460	机械工程	850	民族学与文化学
470	动力与电气工程	860	新闻学与传播学
480	能源科学技术	870	图书馆、情报与文献学
490	核科学技术	880	教育学
510	电子与通信技术	890	体育科学
520	计算机科学技术	910	统计学
530	化学工程		

附录 2
高技术产业（制造业）分类（2017）

一、分类目的

为准确反映高技术产业发展状况，界定高技术产业（制造业）统计范围，健全高技术产业统计体系，依据《中华人民共和国统计法》，参照国际相关分类标准并以《国民经济行业分类》（GB/T 4754－2017）为基础，制定本分类。

二、高技术产业界定和范围

本分类规定的高技术产业（制造业）是指国民经济行业中 R&D 投入强度①相对高的制造业行业，包括：医药制造，航空、航天器及设备制造，电子及通信设备制造，计算机及办公设备制造，医疗仪器设备及仪器仪表制造，信息化学品制造等 6 大类。

三、编制原则

（一）以国际分类标准为借鉴。

本分类借鉴 OECD（经济合作与发展组织）关于高技术产业的分类方法；分类表中第一类至第五类内容可与有关国际分类基本衔接，能够满足国际比较的需要。

（二）以《国民经济行业分类》为基础。

本分类是以《国民经济行业分类》（GB/T 4754－2017）为基础，对国

---

① R&D 投入强度是指 R&D 经费支出与企业主营业务收入之比。R&D（即研究与试验发展）是指为增加知识存量（也包括有关人类、文化和社会的知识）以及设计已有知识的新应用而进行的创造性、系统性工作。

民经济行业分类中符合高技术产业（制造业）特征有关活动的再分类。

（三）以提升可操作性为基本要求。

本分类中各小类尽可能与《国民经济行业分类》（GB/T 4754－2017）行业小类对应，便于统计资料的获取、整理和再加工。

四、结构和编码

本分类采用线分类法和分层次编码方法，将高技术产业（制造业）划分为三层，分别用阿拉伯数字编码表示。第一层为大类，用 2 位数字表示，共有 6 个大类；第二层为中类，用 3 位数字表示，前两位为大类代码，共有 34 个中类；第三层为小类，用 4 位数字表示，前三位为中类代码，共有 85 个小类。

本分类代码结构：

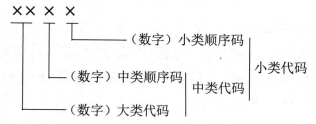

五、有关说明

（一）本分类在《高技术产业（制造业）分类（2013）》（国统字〔2013〕55 号）的基础上修订完成，采用了原分类的基本结构框架。

（二）本分类建立了与《国民经济行业分类》（GB/T 4754－2017）的对应关系，对应的行业类别的具体范围和说明参见 2017 版《国民经济行业分类注释》。

六、高技术产业(制造业)分类表

代码			名　称	行业分类代码
大类	中类	小类		
01			医药制造业	27
	011		化学药品制造	
		0111	化学药品原料药制造	2710
		0112	化学药品制剂制造	2720
	012	0120	中药饮片加工	2730
	013	0130	中成药生产	2740
	014	0140	兽用药品制造	2750
	015		生物药品制品制造	276
		0151	生物药品制造	2761
		0152	基因工程药物和疫苗制造	2762
	016	0160	卫生材料及医药用品制造	2770
	017	0170	药用辅料及包装材料	2780
02			航空、航天器及设备制造业	
	021	0210	飞机制造	3741
	022	0220	航天器及运载火箭制造	3742
	023		航空、航天相关设备制造	
		0231	航天相关设备制造	3743
		0232	航空相关设备制造	3744
	024	0240	其他航空航天器制造	3749
	025	0250	航空航天器修理	4343
03			电子及通信设备制造业	
	031		电子工业专用设备制造	
		0311	半导体器件专用设备制造	3562
		0312	电子元器件与机电组件设备制造	3563
		0313	其他电子专用设备制造	3569
	032		光纤、光缆及锂离子电池制造	
		0321	光纤制造	3832
		0322	光缆制造	3833
		0323	锂离子电池制造	3841
	033		通信设备、雷达及配套设备制造	
		0331	通信系统设备制造	3921
		0332	通信终端设备制造	3922
		0333	雷达及配套设备制造	3940
	034		广播电视设备制造	393

续表1

代码			名　称	行业分类代码
大类	中类	小类		
		0341	广播电视节目制作及发射设备制造	3931
		0342	广播电视接收设备制造	3932
		0343	广播电视专用配件制造	3933
		0344	专业音响设备制造	3934
		0345	应用电视设备及其他广播电视设备制造	3939
	035		非专业视听设备制造	395
		0351	电视机制造	3951
		0352	音响设备制造	3952
		0353	影视录放设备制造	3953
	036		电子器件制造	397
		0361	电子真空器件制造	3971
		0362	半导体分立器件制造	3972
		0363	集成电路制造	3973
		0364	显示器件制造	3974
		0365	半导体照明器件制造	3975
		0366	光电子器件制造	3976
		0367	其他电子器件制造	3979
	037		电子元件及电子专用材料制造	398
		0371	电阻电容电感元件制造	3981
		0372	电子电路制造	3982
		0373	敏感元件及传感器制造	3983
		0374	电声器件及零件制造	3984
		0375	电子专用材料制造	3985
		0376	其他电子元件制造	3989
	038		智能消费设备制造	
		0381	可穿戴智能设备制造	3961
		0382	智能车载设备制造	3962
		0383	智能无人飞行器制造	3963
		0384	其他智能消费设备制造	3969
	039	0390	其他电子设备制造	3990
04			计算机及办公设备制造业	
	041	0410	计算机整机制造	3911
	042	0420	计算机零部件制造	3912
	043	0430	计算机外围设备制造	3913
	044	0440	工业控制计算机及系统制造	3914
	045	0450	信息安全设备制造	3915
	046	0460	其他计算机制造	3919

续表2

代码			名　　称	行业分类代码
大类	中类	小类		
	047		办公设备制造	
		0471	复印和胶印设备制造	3474
		0472	计算器及货币专用设备制造	3475
05			医疗仪器设备及仪器仪表制造业	
	051		医疗仪器设备及器械制造	
		0511	医疗诊断、监护及治疗设备制造	3581
		0512	口腔科用设备及器具制造	3582
		0513	医疗实验室及医用消毒设备和器具制造	3583
		0514	医疗、外科及兽医用器械制造	3584
		0515	机械治疗及病房护理设备制造	3585
		0516	康复辅具制造	3586
		0517	其他医疗设备及器械制造	3589
	052		通用仪器仪表制造	
		0521	工业自动控制系统装置制造	4011
		0522	电工仪器仪表制造	4012
		0523	绘图、计算及测量仪器制造	4013
		0524	实验分析仪器制造	4014
		0525	试验机制造	4015
		0526	供应用仪器仪表制造	4016
		0527	其他通用仪器制造	4019
	053		专用仪器仪表制造	
		0531	环境监测专用仪器仪表制造	4021
		0532	运输设备及生产用计数仪表制造	4022
		0533	导航、测绘、气象及海洋专用仪器制造	4023
		0534	农林牧渔专用仪器仪表制造	4024
		0535	地质勘探和地震专用仪器制造	4025
		0536	教学专用仪器制造	4026
		0537	核子及核辐射测量仪器制造	4027
		0538	电子测量仪器制造	4028
		0539	其他专用仪器制造	4029
	054	0540	光学仪器制造	4040
	055	0550	其他仪器仪表制造业	4090
06			信息化学品制造业	
	061		信息化学品制造	
		0611	文化用信息化学品制造	2664
		0612	医学生产用信息化学品制造	2665

附录 3
2022 年全国科技经费投入统计公报[1]

国家统计局　科学技术部　财政部
2023 年 9 月 18 日

2022 年,我国研究与试验发展(R&D)经费投入继续保持较快增长,投入强度持续提升,基础研究投入取得新突破,国家财政科技支出稳步增加。

一、研究与试验发展(R&D)经费情况

2022 年,全国共投入研究与试验发展(R&D)经费 30782.9 亿元,比上年增加 2826.6 亿元,增长 10.1%;研究与试验发展(R&D)经费投入强度(与国内生产总值[2]之比)为 2.54%,比上年提高 0.11 个百分点[3]。按研究与试验发展(R&D)人员全时工作量计算的人均经费为 48.4 万元,比上年下降 0.5 万元。

分活动类型看,全国基础研究经费 2023.5 亿元,比上年增长 11.4%;应用研究经费 3482.5 亿元,增长 10.7%;试验发展经费 25276.9 亿元,增长 9.9%。基础研究经费所占比重为 6.57%,比上年提升 0.07 个百分点;应用研究和试验发展经费所占比重分别为 11.3% 和 82.1%。

分活动主体看,各类企业研究与试验发展(R&D)经费 23878.6 亿元,比上年增长 11.0%;政府属研究机构经费 3814.4 亿元,增长 2.6%;高等学校经费 2412.4 亿元,增长 10.6%;其他主体经费 677.5 亿元,增长 22.3%。企业、政府属研究机构、高等学校经费所占比重分别为 77.6%、12.4% 和 7.8%。

分产业部门看,高技术制造业研究与试验发展(R&D)经费6507.7亿元,投入强度(与营业收入之比)为2.91%,比上年提高0.20个百分点。在规模以上工业企业中,研究与试验发展(R&D)经费投入超过千亿元的行业大类有7个,比上年增加2个,这7个行业的经费占全部规模以上工业企业研究与试验发展(R&D)经费的比重为63.2%(详见附表1)。

分地区看,研究与试验发展(R&D)经费投入超过千亿元的省(市)有12个,分别为广东(4411.9亿元)、江苏(3835.4亿元)、北京(2843.3亿元)、浙江(2416.8亿元)、山东(2180.4亿元)、上海(1981.6亿元)、湖北(1254.7亿元)、四川(1215亿元)、湖南(1175.3亿元)、安徽(1152.5亿元)、河南(1143.3亿元)和福建(1082.1亿元)。研究与试验发展(R&D)经费投入强度(与地区生产总值[4]之比)超过全国平均水平的省(市)有7个,依次为北京(6.83%)、上海(4.44%)、天津(3.49%)、广东(3.42%)、江苏(3.12%)、浙江(3.11%)和安徽(2.56%)(详见附表2)。

二、财政科学技术支出情况

2022年,国家财政科学技术支出11128.4亿元,比上年增加361.7亿元,增长3.4%。其中,中央财政科技支出3803.4亿元,占全国财政科技支出的比重为34.2%;地方财政科技支出7325.0亿元,占比为65.8%。

2022 年财政科学技术支出情况

指标名称	财政科学技术支出（亿元）	比上年增长（%）	占财政科学技术支出的比重（%）
合　　计	11128.4	3.4	——
其中:科学技术支出	10032.0	3.9	90.1
其他功能支出中用于科学技术的支出	1096.4	−0.05	9.9

注:2022年科学技术支出增幅为同口径调整后的增幅。

附表 1　2022 年分行业规模以上工业企业研究与试验发展(R&D)经费情况

行　　业	R&D 经费 （亿元）	R&D 经费投入强度 （％）
合　计	19361.8	1.39
采矿业	466.0	0.67
煤炭开采和洗选业	182.6	0.44
石油和天然气开采业	121.8	0.96
黑色金属矿采选业	44.1	0.88
有色金属矿采选业	35.6	0.96
非金属矿采选业	32.2	0.70
开采专业及辅助性活动	49.5	2.03
其他采矿业	0.2	0.97
制造业	18619.6	1.55
农副食品加工业	346.0	0.58
食品制造业	164.8	0.72
酒、饮料和精制茶制造业	67.7	0.40
烟草制品业	25.8	0.20
纺织业	246.3	0.93
纺织服装、服饰业	117.8	0.79
皮革、毛皮、羽毛及其制品和制鞋业	117.0	1.03
木材加工和木、竹、藤、棕、草制品业	96.0	0.91
家具制造业	101.8	1.32
造纸和纸制品业	138.4	0.91
印刷和记录媒介复制业	111.7	1.44
文教、工美、体育和娱乐用品制造业	105.9	0.72
石油、煤炭及其他燃料加工业	170.6	0.27
化学原料和化学制品制造业	1004.9	1.06
医药制造业	1048.9	3.57
化学纤维制造业	171.0	1.56
橡胶和塑料制品业	535.5	1.76
非金属矿物制品业	628.7	0.92
黑色金属冶炼和压延加工业	816.4	0.94
有色金属冶炼和压延加工业	505.1	0.67
金属制品业	757.5	1.53
通用设备制造业	1190.6	2.46
专用设备制造业	1150.1	2.96
汽车制造业	1651.7	1.83
铁路、船舶、航空航天和其他运输设备制造业	633.2	4.64
电气机械和器材制造业	2098.5	2.02
计算机、通信和其他电子设备制造业	4099.9	2.63
仪器仪表制造业	354.1	3.53
其他制造业	70.5	3.18
废弃资源综合利用业	70.2	0.61
金属制品、机械和设备修理业	22.9	1.32
电力、热力、燃气及水生产和供应业	276.2	0.24
电力、热力生产和供应业	217.9	0.23
燃气生产和供应业	37.6	0.24
水的生产和供应业	20.7	0.45

附表2　2022年各地区研究与试验发展(R&D)经费情况

地　区	R&D经费 (亿元)	R&D经费投入强度 (%)
全　国	30782.9	2.54
北　京	2843.3	6.83
天　津	568.7	3.49
河　北	848.9	2.00
山　西	273.7	1.07
内蒙古	209.5	0.90
辽　宁	620.9	2.14
吉　林	187.3	1.43
黑龙江	217.8	1.37
上　海	1981.6	4.44
江　苏	3835.4	3.12
浙　江	2416.8	3.11
安　徽	1152.5	2.56
福　建	1082.1	2.04
江　西	558.2	1.74
山　东	2180.4	2.49
河　南	1143.3	1.86
湖　北	1254.7	2.33
湖　南	1175.3	2.41
广　东	4411.9	3.42
广　西	217.9	0.83
海　南	68.4	1.00
重　庆	686.6	2.36
四　川	1215.0	2.14
贵　州	199.3	0.99
云　南	313.5	1.08
西　藏	7.0	0.33
陕　西	769.6	2.35
甘　肃	144.1	1.29
青　海	28.8	0.80
宁　夏	79.4	1.57
新　疆	91.0	0.51

注:[1]本公报各项统计数据均未包括香港特别行政区、澳门特别行政区和台湾省。部分数
据因四舍五入的原因,存在总计与分项合计不等的情况。

[2]2022年国内生产总值为初步核算数据。

[3]根据2021年国内生产总值(GDP)最终核实数据,2021年研究与试验发展(R&D)经
费投入强度已修订为2.43%。

[4]2022年地区生产总值为初步核算数据。

附注：

1. 主要指标解释

研究与试验发展（R&D）经费　指报告期为实施研究与试验发展（R&D）活动而实际发生的全部经费支出。研究与试验发展（R&D）指为增加知识存量（也包括有关人类、文化和社会的知识）以及设计已有知识的新应用而进行的创造性、系统性工作，包括基础研究、应用研究和试验发展三种类型。国际上通常采用研究与试验发展（R&D）活动的规模和强度指标反映一国的科技实力和核心竞争力。

基础研究　指一种不预设任何特定应用或使用目的的实验性或理论性工作，其主要目的是为获得（已发生）现象和可观察事实的基本原理、规律和新知识。

应用研究　指为获取新知识，达到某一特定的实际目的或目标而开展的初始性研究。应用研究是为了确定基础研究成果的可能用途，或确定实现特定和预定目标的新方法。

试验发展　指利用从科学研究、实际经验中获取的知识和研究过程中产生的其他知识，开发新的产品、工艺或改进现有产品、工艺而进行的系统性研究。

2. 统计范围

研究与试验发展（R&D）经费的统计范围为全社会有 R&D 活动的企事业单位，具体包括政府属研究机构、高等学校以及 R&D 活动相对密集行业（包括农、林、牧、渔业，采矿业，制造业，电力、热力、燃气及水生产和供应业，建筑业，交通运输、仓储和邮政业，信息传输、软件和信息技术服务业，金融业，租赁和商务服务业，科学研究和技术服务业，水利、环境和公共设施管理业，卫生和社会工作，文化、体育和娱乐业等）的企事业单位等。

3. 调查方法

研究与试验发展（R&D）经费的调查方法是：规模以上工业企业，

特、一级建筑业企业,规模以上服务业(包括交通运输、仓储和邮政业,信息传输、软件和信息技术服务业,租赁和商务服务业,科学研究和技术服务业,水利、环境和公共设施管理业,卫生和社会工作,文化、体育和娱乐业)企业,政府属研究机构(政府属独立法人科学研究与技术开发机构、科技信息与文献机构等单位)及科学研究和技术服务业其他非企业法人单位,高等学校及附属医院采用全面调查取得;规模以下工业企业和服务业企业采用抽样调查推算取得;科研育种相关企业和未在科技、教育部门统计范围内的三级甲等医院采用重点调查取得;其他行业的企事业单位使用第二次全国 R&D 资源清查资料推算等方法取得。

附录 4
2022 年中国创新指数比上年增长 5.9%

为深入贯彻落实以习近平同志为核心的党中央关于深入实施创新驱动发展战略、加快建设科技强国的重大决策部署,国家统计局社科文司《中国创新指数研究》课题组进一步完善了中国创新指数编制方法并进行了测算。结果表明,我国创新能力较快提升,创新发展新动能加速聚集,为推动高质量发展提供了强大动力。

一、我国创新能力较快提升

测算结果显示,以 2015 年为基期,2022 年中国创新指数为 155.7,4 个分领域指数创新环境指数、创新投入指数、创新产出指数和创新成效指数分别为 160.4、146.7、187.5 和 128.2。与 2015 年相比,中国创新指数年均增长 6.5%,比同期国内生产总值(GDP)增速快 0.8 个百分

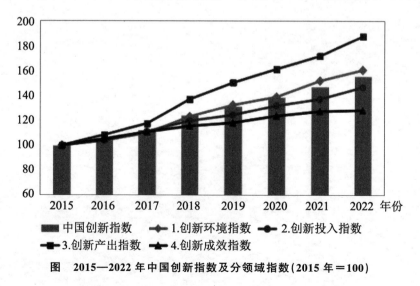

图　2015—2022 年中国创新指数及分领域指数(2015 年＝100)

点;4 个分领域指数年均增速分别为 7.0％、5.6％、9.4％和 3.6％。与 2021 年相比,中国创新指数增长 5.9％,4 个分领域指数分别增长 5.7％、7.0％、9.2％和 0.7％(详见表 1)。

表 1　2015－2022 年中国创新指数情况(以 2015 年为 100)

	2015 年	2016 年	2017 年	2018 年	2019 年	2020 年	2021 年	2022 年	2015 年以来年均增长(％)	2022 年比2021 年增长(％)
中国创新指数	100	105.3	112.3	123.8	131.3	138.9	147.0	155.7	6.5	5.9
1. 创新环境指数	100	103.9	109.9	123.1	132.4	138.9	151.8	160.4	7.0	5.7
2. 创新投入指数	100	103.8	111.1	119.6	124.3	131.9	137.1	146.7	5.6	7.0
3. 创新产出指数	100	108.4	117.5	137.0	150.3	161.2	171.6	187.5	9.4	9.2
4. 创新成效指数	100	105.2	110.7	115.5	118.0	123.6	127.2	128.2	3.6	0.7

二、创新环境明显优化

"创新环境"领域包括每万人就业人员中大专及以上学历人数、人均 GDP、理工类毕业生占适龄人口比重、科技拨款占财政拨款比重、享受加计扣除减免税企业所占比重等 5 个指标。

以 2015 年为 100,2022 年我国创新环境指数为 160.4,年均增长 7.0％。分指标看,享受加计扣除减免税企业所占比重指数大幅提升,年均增速达 18.7％,2022 年指数值达 332.4,在中国创新指数的全部 18 个指标中位列第一;理工类毕业生占适龄人口比重指数、人均 GDP 指数、每万人就业人员中大专及以上学历人数指数、科技拨款占财政拨款比重指数的年均增速分别为 7.1％、5.4％、3.6％和 1.0％,2022 年指数值相应为 161.7、144.6、128.2 和 107.2(详见表 2)。

表 2　创新环境指数(以 2015 年为 100)

	2015 年	2016 年	2017 年	2018 年	2019 年	2020 年	2021 年	2022 年
创新环境指数	100	103.9	109.9	123.1	132.4	138.9	151.8	160.4
1.每万人就业人员中大专及以上学历人数指数	100	103.2	103.2	111.7	121.3	118.1	123.1	128.2
2.人均 GDP 指数	100	106.2	112.9	120.1	126.8	129.4	140.3	144.6
3.理工类毕业生占适龄人口比重指数	100	104.7	109.8	115.1	119.8	135.5	145.1	161.7
4.科技拨款占财政拨款比重指数	100	103.8	103.6	108.2	112.6	103.2	109.9	107.2
5.享受加计扣除减免税企业所占比重指数	100	101.6	120.8	169.5	197.0	243.4	294.4	332.4

三、创新投入稳步提高

"创新投入"领域包括每万人研究与试验发展(R&D,下同)人员全时当量、R&D 经费占 GDP 比重、基础研究人员人均经费、企业 R&D 经费占营业收入比重等 4 个指标。

以 2015 年为 100,2022 年我国创新投入指数为 146.7,年均增长 5.6%。分指标看,每万人 R&D 人员全时当量指数增长相对较快,年均增速为 7.5%,2022 年指数值为 165.6;企业 R&D 经费占营业收入比重指数、基础研究人员人均经费指数、R&D 经费占 GDP 比重指数的年均增速分别为 7.0%、5.0% 和 3.1%,2022 年指数值相应为 161.0、140.5 和 123.7(详见表 3)。

表 3　创新投入指数

	2015 年	2016 年	2017 年	2018 年	2019 年	2020 年	2021 年	2022 年
创新投入指数	100	103.8	111.1	119.6	124.3	131.9	137.1	146.7
1.每万人 R&D 人员全时当量指数	100	102.5	106.0	114.7	125.3	136.4	148.9	165.6
2.R&D 经费占 GDP 比重指数	100	102.1	102.9	104.1	109.1	117.0	118.3	123.7
3.基础研究人员人均经费指数	100	105.9	118.9	126.4	120.4	121.5	136.1	140.5
4.企业 R&D 经费占营业收入比重指数	100	104.7	117.5	135.8	145.1	156.2	147.7	161.0

四、创新产出大幅增加

"创新产出"领域包括每万人科技论文数、每万名 R&D 人员高价值发明专利拥有量、拥有注册商标企业所占比重、技术市场成交合同平均金额等4 个指标。

以 2015 年为 100,2022 年我国创新产出指数为 187.5,年均增长 9.4%。分指标看,每万名 R&D 人员高价值发明专利拥有量指数、拥有注册商标企业所占比重指数实现大幅提升,年均增速分别达 12.5% 和 11.9%,2022 年指数值分别为 227.7 和 219.3,在全部 18 个指标中位列第二和第三;技术市场成交合同平均金额指数增长也较快,年均增速为 9.9%,2022 年指数值为193.2;每万人科技论文数指数年均增速为 3.6%,2022 年指数值为 128.3(详见表 4)。

表 4　创新产出指数(以 2015 年为 100)

	2015 年	2016 年	2017 年	2018 年	2019 年	2020 年	2021 年	2022 年
创新产出指数	100	108.4	117.5	137.0	150.3	161.2	171.6	187.5
1.每万人科技论文数指数	100	100.0	102.4	110.4	116.4	116.6	121.5	128.3
2.每万名 R&D 人员高价值发明专利拥有量指数	100	116.4	139.0	156.1	171.0	190.2	200.9	227.7
3.拥有注册商标企业所占比重指数	100	106.8	117.4	152.5	177.5	190.1	205.2	219.3
4.技术市场成交合同平均金额指数	100	111.2	114.0	134.1	144.5	160.6	173.7	193.2

五、创新成效进一步显现

"创新成效"领域包括新产品销售收入占营业收入比重、高新技术产品出口额占货物出口额比重、专利密集型产业增加值占 GDP 比重、"三新"经济增加值占 GDP 比重、全员劳动生产率等 5 个指标。

以 2015 年为 100,2022 年我国创新成效指数为 128.2,年均增长 3.6%。分指标看,新产品销售收入占营业收入比重指数增长相对较快,年均增速为

8.8%,2022 年指数值为 181.0;全员劳动生产率指数、"三新"经济增加值占 GDP 比重指数、专利密集型产业增加值占 GDP 比重指数、高新技术产品出口额占货物出口额比重指数的年均增速分别为 6.2%、2.3%、2.1% 和 —1.1%,2022 年指数值相应为 152.2、117.5、115.7 和 92.3(详见表 5)。

表 5 创新成效指数(以 2015 年为 100)

	2015 年	2016 年	2017 年	2018 年	2019 年	2020 年	2021 年	2022 年
创新成效指数	100	105.2	110.7	115.5	118.0	123.6	127.2	128.2
1.新产品销售收入占营业收入比重指数	100	110.8	124.4	137.1	146.2	161.6	165.4	181.0
2.高新技术产品出口额占货物出口额比重指数	100	99.8	102.3	104.2	101.4	104.0	102.5	92.3
3.专利密集型产业增加值占 GDP 比重指数	100	104.6	106.5	107.4	107.4	110.8	115.2	115.7
4."三新"经济增加值占 GDP 比重指数	100	104.1	107.1	109.1	110.4	115.6	116.8	117.5
5.全员劳动生产率指数	100	106.9	114.5	122.7	130.5	134.0	146.1	152.2

中国创新指数最新测算结果表明,近年来,面对复杂严峻的国内外形势,我国坚持创新在现代化建设全局中的核心地位,深入实施创新驱动发展战略,不断完善创新体系建设,创新能力持续较快提升,为经济社会发展提供了有力支撑。下一步,要坚持科技是第一生产力、人才是第一资源、创新是第一动力,加快建设科技强国,努力实现高水平科技自立自强,全面塑造发展新优势,为推动高质量发展、实现中国式现代化而奋斗。

附件

中国创新指数指标体系及指数编制方法简要说明

一、中国创新指数指标体系

中国创新指数指标体系分成三个层次。第一个层次为我国创新总体发展情况,通过计算创新总指数反映;第二个层次为我国在创新环境、创新投入、创新产出和创新成效等 4 个分领域的发展情况,通过计算分领域指数反映;第三个层次为创新能力具体各方面的发展情况,通过上述 4 个分领域所选取的 18 个指标指数反映(指标体系框架详见附表)。简要说明如下:

(一)创新环境

该领域主要反映驱动创新发展所必备的人力、财力等基础条件的支撑情况,以及政策引导扶持等创新所需条件的情况。

1. 每万人就业人员中大专及以上学历人数

指就业人员平均具备一定学历的人员数量。该指标用以反映我国劳动者综合素质情况。

2. 人均 GDP

指按人口平均的国内生产总值(GDP,不变价)。这是反映一个国家经济实力的最具代表性的指标,可以反映经济增长与创新能力发展之间相互依存、相互促进的关系。

3. 理工类毕业生占适龄人口比重

该指标反映我国潜在创新人力资源情况。理工类毕业生指本科及以上理工农医类毕业生人数,适龄人口是指我国 20－34 岁人口数。

4. 科技拨款占财政拨款比重

政府财政科技拨款对全社会创新投入和创新活动的开展具有带动和导向作用,该指标反映政府对创新的直接投入力度以及对重点、关键和前沿领域的规划和引导作用。

5. 享受加计扣除减免税企业所占比重

企业研发费用税前加计扣除政策是鼓励企业加大研发投入最为直接和有效的普惠性政策之一。该指标可以反映政府有关政策的落实情况,从一个侧面反映企业创新环境情况。该指标的数据口径为规模以上工业企业。

(二)创新投入

该领域主要反映创新的人力财力投入规模及强度、关键领域的投入情况等。研发是实现创新的最重要环节,这里用研发投入指标反映创新投入。

1. 每万人 R&D 人员全时当量

指按常住全部人口平均计算的 R&D 人员全时当量。该指标反映自主创新人力的投入规模和强度。R&D 人员包括企业、科研机构、高等学校的 R&D 人员,是全社会各种创新主体的 R&D 人力投入合力。R&D 人员全时当量是指按工作量折合计算的 R&D 人员。

2. R&D 经费占 GDP 比重

该指标又称 R&D 投入强度,是国际上通用的、反映国家或地区科技投入水平的核心指标,也是我国科技创新相关规划中的重要指标。

3. 基础研究人员人均经费

指按基础研究人员全时当量平均的基础研究经费。基础研究是科学技术发展的根基,其水平可在一定程度上代表一个国家原始创新能力。本指标体系以该指标来反映国家在加强原始创新能力上所作的努力。

4. 企业 R&D 经费占营业收入比重

企业是创新活动的主体,而工业企业又在企业创新活动中占有主导地位。该指标反映创新活动主体的经费投入强度。该指标的数据口径为规模以上工业企业。

(三)创新产出

该领域通过论文、专利、商标、技术市场等反映创新中间产出结果。

1. 每万人科技论文数

科技论文是指企事业单位立项的由科技项目产生的、并在有正规刊号的刊物上发表的学术论文,是创新活动中间产出的重要成果形式之一。该指标反映研发活动的产出水平和效率。

2. 每万名 R&D 人员高价值发明专利拥有量

指按 R&D 人员平均的高价值有效发明专利数量。专利是创新活动中间产出的又一重要成果形式。高价值发明专利指符合国家重点产业发展方向、专利质量和价值较高的发明专利,由国家知识产权局定义具体范围,体现了专利向高质量发展转变的导向。该指标同时为有关规划纲要监测内容,是反映研发活动的产出水平和效率的重要指标。

3. 拥有注册商标企业所占比重

拥有注册商标企业指作为第一商标注册人拥有经境内外商标行政部门核准注册且在有效期内的商标的企业。该指标在一定程度上反映企业拥有自主品牌情况。该指标的数据口径为规模以上工业企业。

4. 技术市场成交合同平均金额

指按技术市场成交合同项目数计算的平均技术市场成交金额。该指标反映技术转移和科技成果转化的质量与效率。技术市场成交额指全国技术市场成交合同项目的总金额。

(四)创新成效

该领域通过经济增长、经济转型、产品结构调整、产业国际科技竞争力等方面,反映创新对经济社会发展的影响。

1. 新产品销售收入占营业收入比重

新产品销售收入是反映企业创新成果,即将新产品成功推向市场的指标,可用于反映创新对产品结构调整的效果。该指标的数据口径为规模以上工业企业。

2. 高新技术产品出口额占货物出口额比重

高技术产业与创新具有互动关系。该指标通过高新技术产品出口的变化情况,反映创新对产业国际竞争力的影响效果。

3. 专利密集型产业增加值占 GDP 比重

专利密集型产业体现了知识产权、科技创新与产业经济的紧密融合,是高质量发展的有力支撑和重要发展方向,其增加值占 GDP 的比重可从引导产业结构转型升级角度体现创新对经济发展的成效。

4."三新"经济增加值占 GDP 比重

"三新"经济对推动高质量发展发挥了重要作用,其增加值占 GDP 的比重可从新兴经济带动经济转型发展、增强经济活力的角度体现创新对经济发展的成效。

5. 全员劳动生产率

指一定时期内国内生产总值(GDP,不变价)与就业人员之比。创新是影响劳动生产率的重要因素,提高劳动生产率是创新的目的之一。该指标可用于反映创新对经济发展的促进作用。

二、中国创新指数评价方法

(一)选择基期年份

在综合评估指标数据的可得性、一致性和连续性的基础上,选择 2015 年作为基期年份。

(二)确定指标权数

采用"逐级等权法"进行权数分配,即各分领域的权数均为 1/4;某一分领域内指标权数为所属领域的 1/n(n 为该领域下指标的个数);每个指标的最终权数为 1/4n。各指标的权数详见附表。

(三)计算指标增速

计算定基发展速度时,通常方法是计算各指标的增速后进行加权平均。本指数继续沿用原指数计算定基发展速度时将指标增速的基准值设定为指标两年平均值的方法,将各指标增速范围控制在[−200,200]的区间内,以增强数据稳定性,减少因某些指标数值波动过大而造成整个指标体系失真的情况。计算公式为:

$$V_{it} = \left[\frac{X_{it} - X_{it-1}}{(X_{it} + X_{it-1})/2} \right] * 100,$$

其中 i 为指标序号,t 为年份,t＞＝2016。

（四）合成分领域指数和总指数

1. 计算各领域所辖指标的加权增速：

$$C_t = \sum_{i=1}^{k} w_i * V_{it},$$

其中 i 为指标序号,t 为年份,W_i 为各指标对其所属领域的权数，V_{it} 为计算所得各指标增速,k 为该领域内指标的个数,t＞＝2016。

2. 计算定基累计发展各领域分指数：

$$E_{t+1} = E_t * \left(\frac{200 + C_{t+1}}{200 - C_{t+1}} \right),$$

其中 t 为年份,t＞＝2015,E2015＝100。

3. 计算定基累计发展总指数：

$$Z_{t+1} = \sum_{i=1}^{4} a_i E_{t+1},$$ 其中 t 为年份,a_i 为各领域对总指数的权数。

附表　中国创新指数指标体系框架

分领域	指标名称	计量单位	权数※
创新环境 （1/4）	1.1　每万人就业人员中大专及以上学历人数	人/万人	1/5
	1.2　人均 GDP	元/人	1/5
	1.3　理工类毕业生占适龄人口比重	%	1/5
	1.4　科技拨款占财政拨款比重	%	1/5
	1.5　享受加计扣除减免税企业所占比重	%	1/5
创新投入 （1/4）	2.1　每万人 R&D 人员全时当量	人年/万人	1/4
	2.2　R&D 经费占 GDP 比重	%	1/4
	2.3　基础研究人员人均经费	万元/人年	1/4
	2.4　企业 R&D 经费占营业收入比重	%	1/4
创新产出 （1/4）	3.1　每万人科技论文数	篇/万人	1/4
	3.2　每万名 R&D 人员高价值发明专利拥有量	件/万人	1/4
	3.3　拥有注册商标企业所占比重	%	1/4
	3.4　技术市场成交合同平均金额	万元/项	1/4
创新成效 （1/4）	4.1　新产品销售收入占营业收入比重	%	1/5
	4.2　高新技术产品出口额占货物出口额比重	%	1/5
	4.3　专利密集型产业增加值占 GDP 比重	%	1/5
	4.4　"三新"经济增加值占 GDP 比重	%	1/5
	4.5　全员劳动生产率	元/人	1/5

※注:各分领域的权数为1/4,某一分领域内指标对所属领域的权数为1/n(n 为该领域指标数）